NEW P.O.P. DESIGN 2

ニュー ピーオーピー デザイン 2

CREDIT

A&P=Agency&Production

※本文のクレジット、メーカー別INDEXならびに巻末INDEXの会社名に付く(株)・(有)は省略させていただきました。
※サイズは全てミリメートル単位で表記しています。

Design&Layout=Eightree co.,ltd.

NEW P.O.P. DESIGN 2　CONTENTS

NEW P.O.P. DESIGN 2　CONTENTS

※ 特集内にある金額表示は目安であり、プロモーションの全体費用である場合もあり、あくまでも概算費用としてお考え下さい。
※ 金額表示は、メーカーからの回答をそのまま記載しています。個数・荷姿等全体の内容は回答をいただいておりません。
※ $ 表示は1US$＝120円で換算しております。

※The amount of money in the special edition is a sample of the sales promotion.
※Since the amount sometimes indicates the whole cost of the promotion,please think it as rough estimate.
The amount of money is in answer from the maker. We don't grasp the detail except unit price.
※We convert 1US$ into 120 yen.

特集:三洋電機

三洋電機の目指す道

2005年7月、「ThinkGAIA（シンクガイア）」という新しいブランドビジョンを立ち上げ、「環境」・「エネルギー」・「ライフスタイル」とこれからの地球のことを考えた商品、“使い捨てない”電池「eneloop」、空気で洗う「エアウォッシュ」機能搭載のドラム式洗濯乾燥機「AQUA」、水の力で空気を洗う「virus washer機能」搭載の空気清浄機を開発・発売している三洋電機の担当の方にお話を伺いました。

社　名：	三洋電機株式会社
本　社：	大阪府守口市京阪本通2丁目5番5号
資本金：	322,242百万円
POPの主な制作部署：	グローバル営業グループ 国内営業統括部 パワーグループ モバイルエナジーカンパニー 市販ユニット 国内営業部 他

interview ―― Takashi Koike

ブランド本部　宣伝ユニット
コミュニケーション企画チーム 兼 SPメディア企画チーム
チームマネージャー

小池 高史

1990年に三洋電機入社以来、宣伝業務を担当し現在に至る。

□ 宣伝活動の中でPOPの位置付けをどのようにお考えでしょうか。

宣伝活動にも様々なカタチやメディアがあります。例えばTVや、新聞、雑誌などを使ったマス広告がその最たるものです。

これらのメディアは、お客様に商品を覚えていただき、店頭に来て頂くために必要なものです。しかし、お客様が、商品を買うことを決めてくださる瞬間に、その目に入っているのは店頭の商品であり、そのPOPです。そういう意味では、POPは「購入の決め手となる最終段階の宣伝活動」だと考えますし、商品のパッケージ（外装箱）も、使い方により、強力なPOPになり得ると考えています。

□ 現在、御社の開発商品の中で何に力を入れていますか？またその販売促進はどのようなものですか？

2005年7月、弊社は新たなブランドビジョン「ThinkGAIA（シンクガイア）」を立ち上げました。地球をひとつの生命体としてとらえ、人がこれからもこの星とともに生きていくために、本当に必要な商品だけを開発していく。これが、私たちの新しいのビジョン”シンク·ガイア”です。

このアクションは、「環境」·「エネルギー」·「ライフスタイル」という3つのプログラムで構成され、それぞれの分野で、これまでの常識にとらわれない新しい視点と、独自に培ってきたテクノロジーを駆使し、地球といのちが喜ぶ、グローバル·ソリューションを提案していくものです。

この新しいビジョンのもと、新たに開発·発売された、“使い捨てない”電池「eneloop」（エネループ）、空気で洗う「エアウォッシュ」機能搭載のドラム式洗濯乾燥機「AQUA」（アクア）、そして、水の力で空気を洗う、「viruswasher（ウイルスウォッシャー）機能」搭載の空気清浄機などが、私たちが今、もっとも力を入れてアピールしている商品です。

この中でも、“使い捨てない”電池「eneloop」は、「電池を使い捨てる生活から、使い捨てない生活へのライフスタイルチェンジ」をコンセプトに、今まで充電式電池の購入経験のないお客様に、「乾電池の替わりに使える新しい充電池」として手に取っていただくため、従来の乾電池や充電池と異なる、デザインコンシャスなものに変え、パッケージについては、「繰り返し使う」ことを想定して、「保存ケース」として使用できる新形状としました。またデザインだけでなく、パッケージの素材も、ペットボトルのリサイクル素材を使うことで、「地球といのち」が喜ぶことに貢献しています。

この「eneloop」、POPにおいては、電池本体（ホワイトにブルーのロゴ）とパッケージ（ブルーにホワイトのロゴ）の「ホワイト」と「ブルー」という、商品キーカラーを使用し、電池売り場に「青いeneloopのカタマリ」を作ることを想定して制作しました。また、TVCMやその他のマス媒体とも連動し、この商品のコンセプトを「一言」で語るキャッチフレーズである「使い捨てない電池」を入れたことで、説得力のある訴求が出来たようです。おかげさまで「eneloop」は、発売以来、好調に推移しております。

□ 今後のPOPを含む宣伝活動について販売店や消費者に何かあればお願いします。

2005年7月、ブランドビジョン「ThinkGAIA」の立ち上げを、私たちは「第3の創業」と位置づけています。生まれ変わった私たち三洋電機は、これからも、「地球」と「いのち」、もちろん、皆様、お一人お一人に、本当に喜んでいただける、新しいソリューションをご提案し続けますので、よろしくお願い致します。

□ Could you give us your views on POP advertising as an advertising campaign?

Advertising comes in many shapes and sizes, however, the key forms of mass advertising come in the form of TV, newspaper and magazine.
These mediums are necessary to make customers aware of a product and subsequently draw them into a store.
The point where a customer decides to purchase a product is a result of products in the store, and in effect induced via POP advertising.
Therefore, we regard POP adverting as a key factor in the customer's decision to purchase a product.
We also believe that the correct use of packaging can increase the effectiveness of POP adverting.

□ Which products in development are you focusing on now and how are you promoting them?

In July 2005, we launched a new project known as "ThinkGAIA". In order to coexist with the earth, seeing it as one life form, we are developing products that are only genuinely necessary.
This is our new vision and effectively the concept embracing "ThinkGAIA".
This vision is composed of three fields including "Environment", "Energy" and "Lifestyle".
Through each of these fields, utilizing original technologies and new views that think outside of conventional bounds, we intend to provide global solutions that care for both the earth and life itself.
Based on this vision, we have developed and released "Eneloop", a type of reusable battery, "AQUA", a drum type washing-drying machine that incorporates a function known as "AirWash" and cleans with air, as well as "Virus Washer", an air purification system that purifies air through the use of water power.
These products are our key focus at present.
The reusable "Eneloop" battery, based on the concept of switching from a lifestyle that disposes of batteries to one that reuses batteries, has moved away from the traditional dry and rechargeable battery and incorporates a sense of design in order to attract customers who have never purchased rechargeable batteries before to give them a try.
Considering the reusability of the batteries, we have redesigned the packaging so that it can be used as a storage case.
In addition, as the material used in the packaging is made of recycled plastic bottles the product is actually contributing to taking care of the earth and life.
With regards to POP advertising, designing the "Eneloop" battery with a blue logo on a white background and the packaging with a white logo on a blue background, and instituting these as the product's key colors, we want to create a mass of blue "Eneloop" batteries in the battery section of outlets.
While working together with TV and other mass media mediums, we believe that through endorsing the product with the catchphrase "Reusable Batteries" the promotion of the product has been rather effective. As a result, the product has been doing well since its launch.

□ Any other comments for dealers or consumers regarding future advertising activities and POP advertising?

We consider the launching of "ThinkGAIA" in July 2005 as our third beginning.
We, the new SANYO, will continue to propose new solutions that will genuinely care for the earth, life and all.

A&P: 大日本印刷

material:紙類

W170×H140×D110

●1個の製作単価約¥500～1,000／$4.2～$8.4

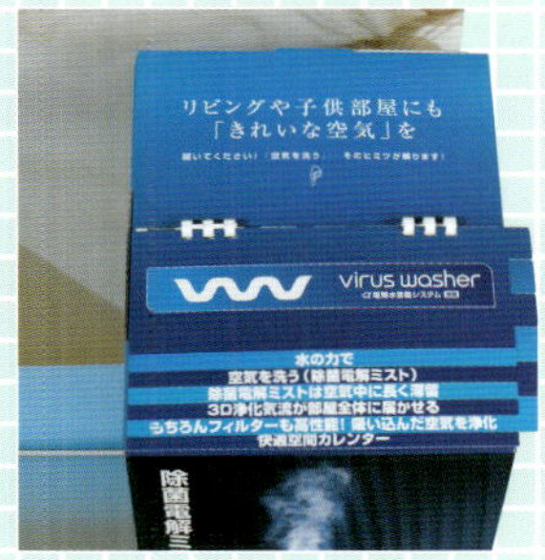

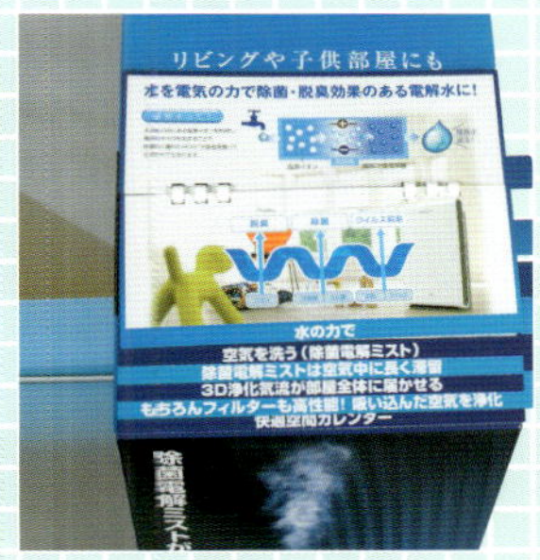

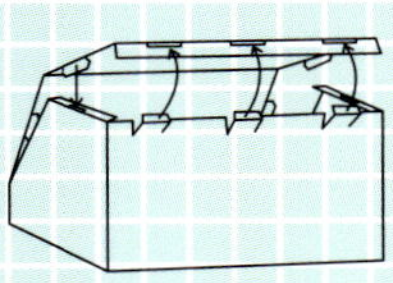

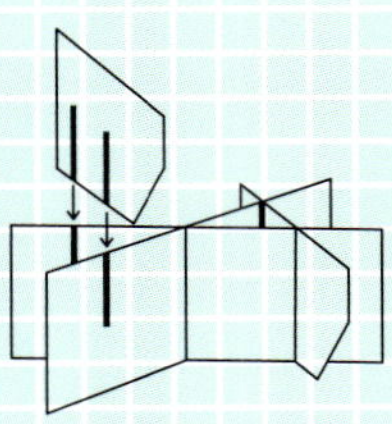

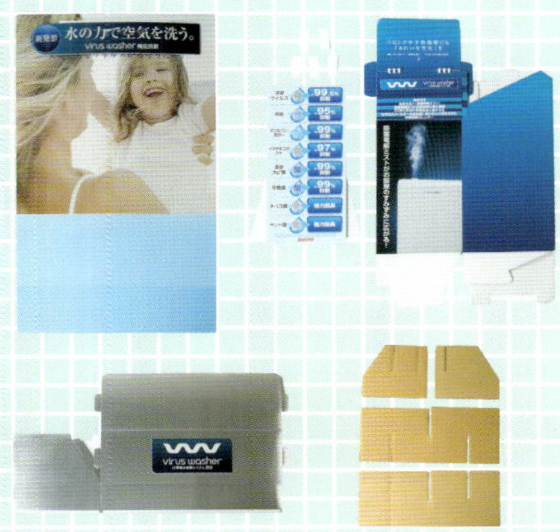

A&P: 研文社

material: 紙類

W900×H1415×D470

●1個の製作単価約￥5,000以上／$41.7～

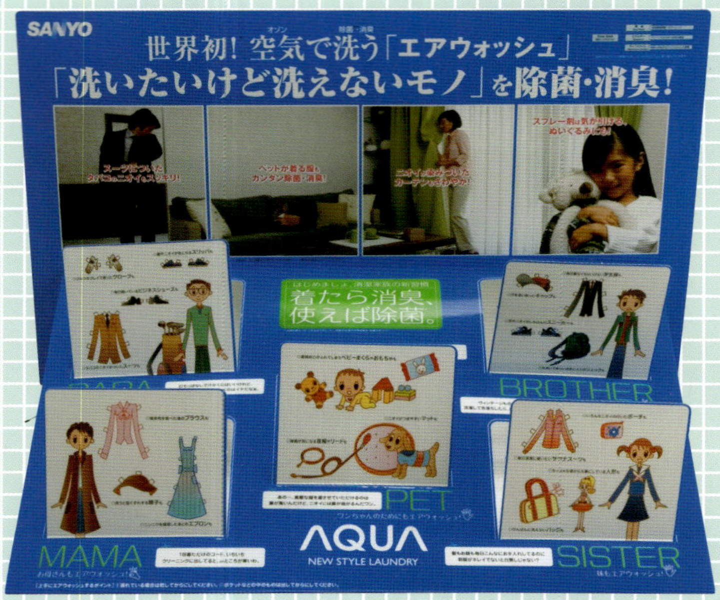

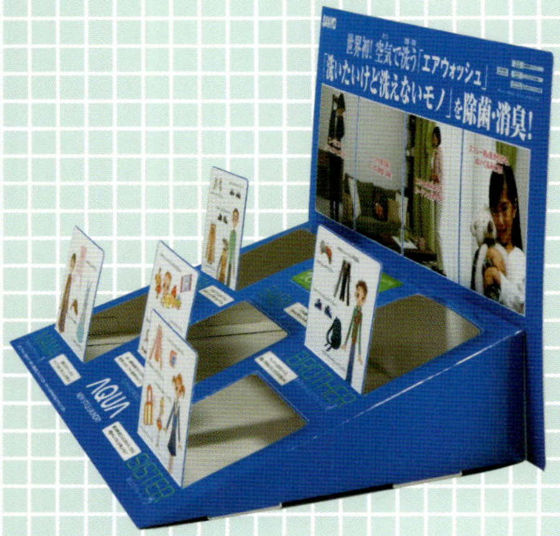

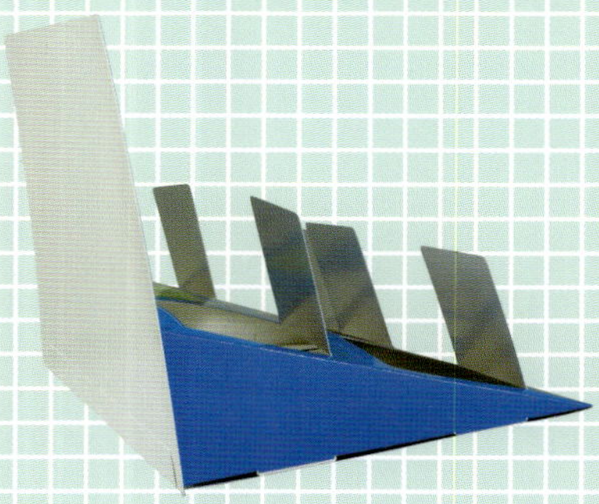

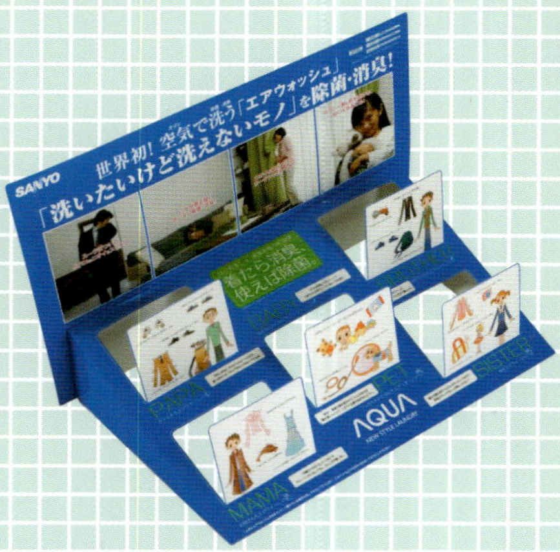

A&P：研文社

material：紙類

W500×H300×D400

●1個の製作単価約￥1,000～￥2,000／$8.4～$16.7

A&P：新和印刷

material：紙類

W450×H1500×D310

●1個の製作単価約￥1,000～￥2,000／$8.4～$16.7

A&P: 新和印刷

material: 紙類

W320×H180×D73

●1個の製作単価約￥500～￥1,000／$4.2～$8.4

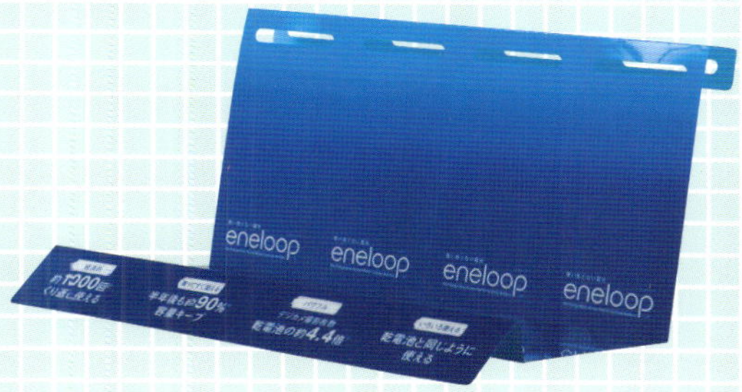

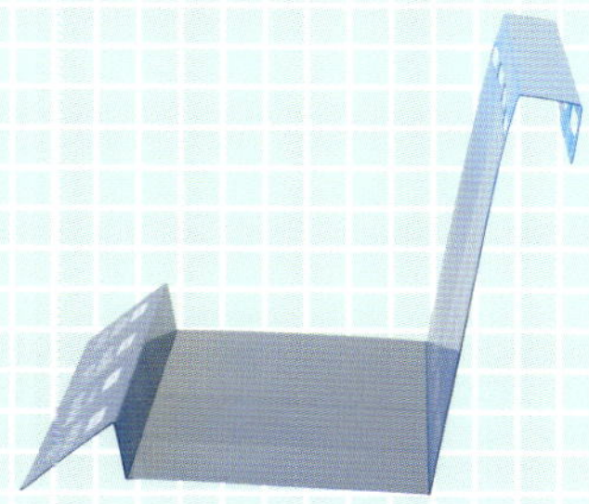

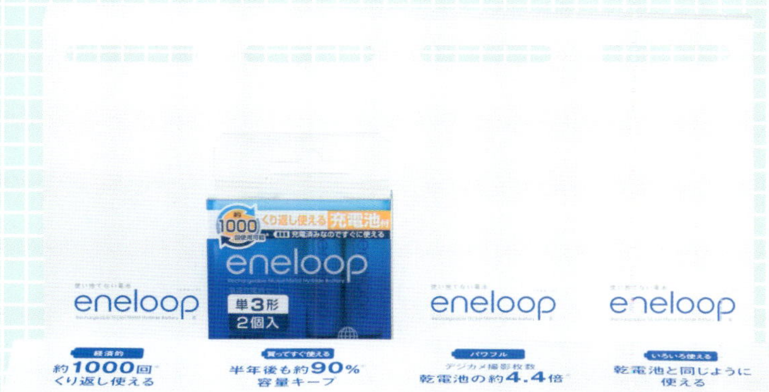

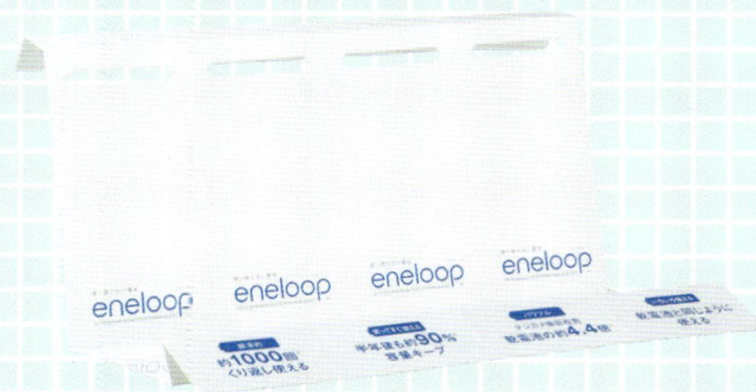

A&P: 大日本印刷

material: 紙類

W300×H150×D200

●1個の製作単価約¥500未満／~$4.2

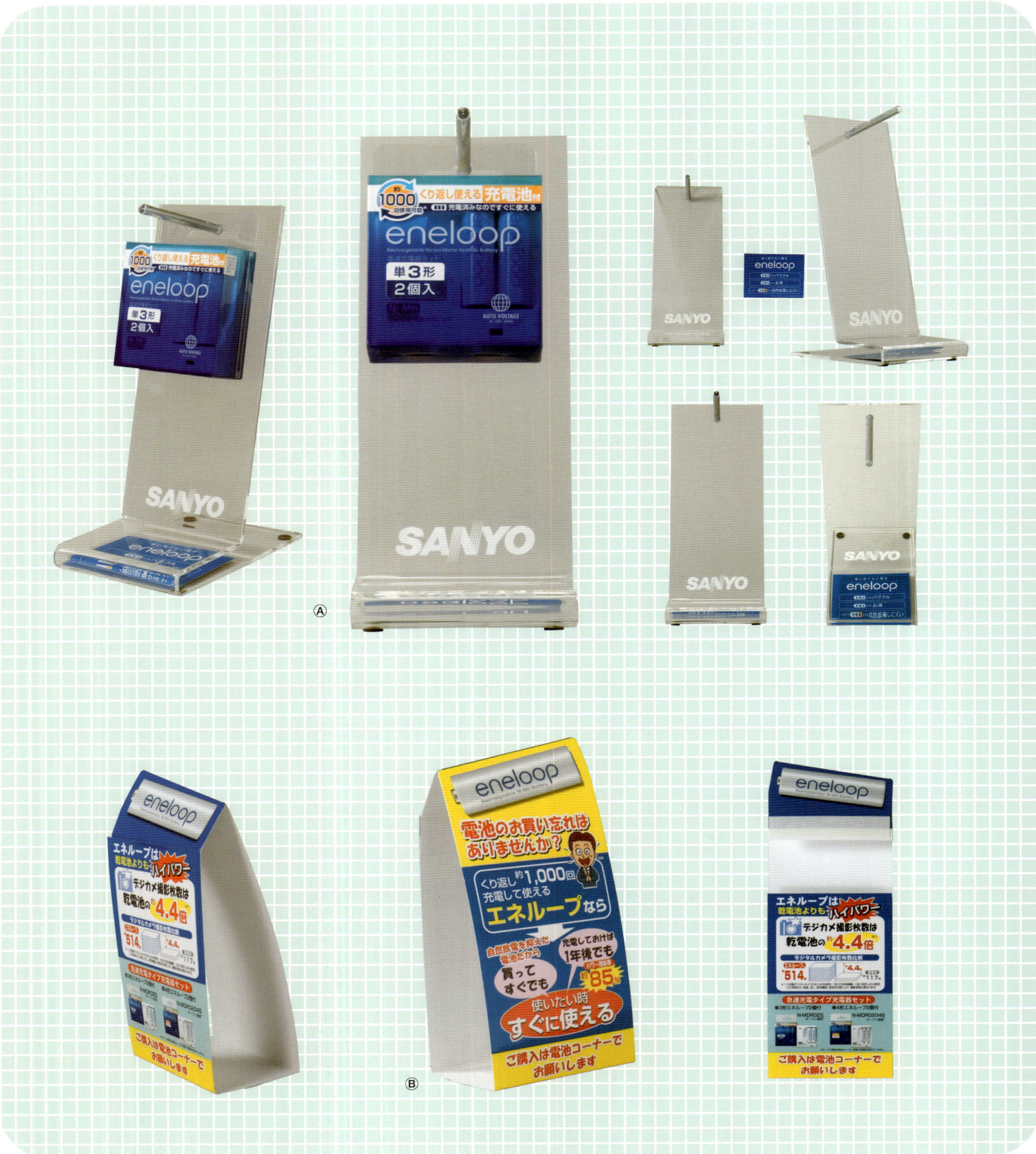

Ⓐ A&P：新広芸社

material：紙類

W90×H210×D125

●1個の製作単価約￥500～￥1,000／$4.2～$8.4

Ⓑ A&P：自社

material：紙類

W90×H210×D125

●1個の製作単価約￥500未満／～$4.2

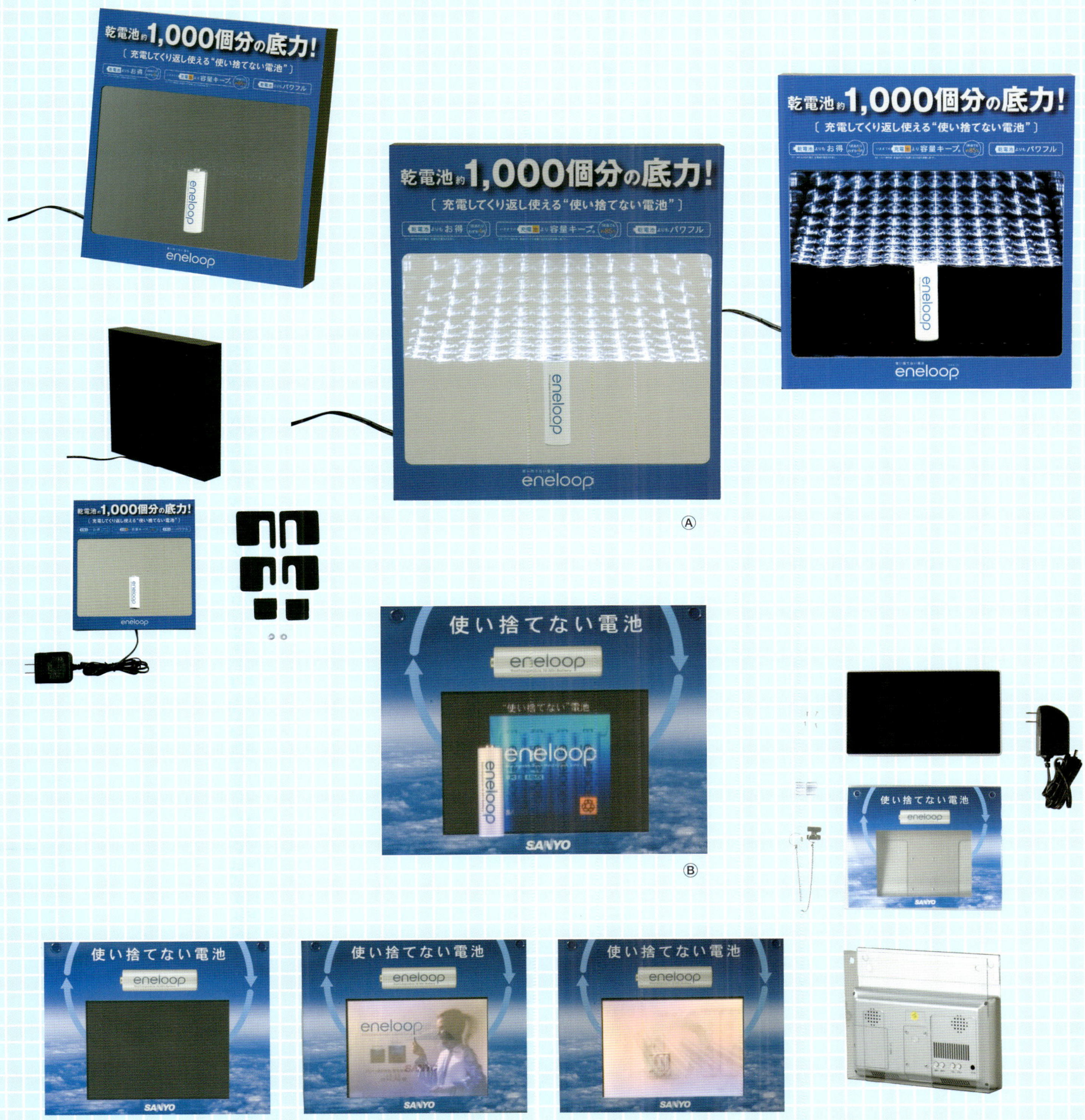

Ⓐ A&P: 新広芸社

materia :紙類

W180×H200×D35

●1個の製作単価約￥5,000以上／$41.7〜

Ⓑ A&P: 新広芸社

material:紙類

W220×H180×D40

●1個の製作単価約￥5,000以上／$41.7〜

Ⓐ

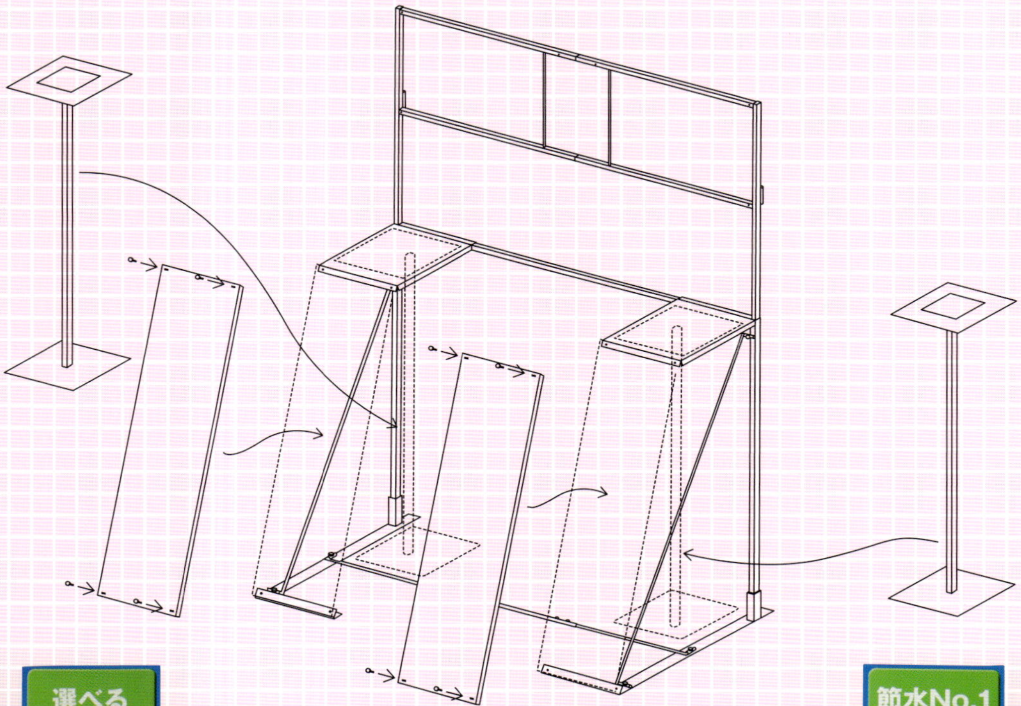

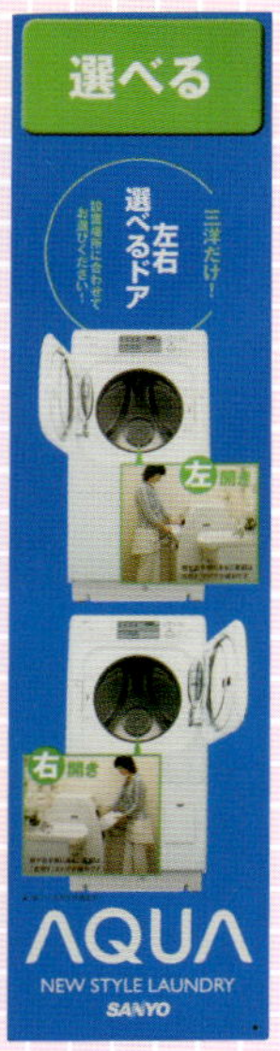

Ⓑ

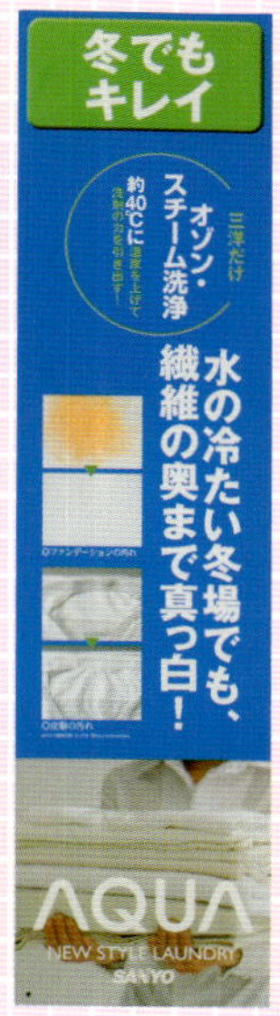

Ⓐ A&P: 研文社

material: 紙類

W90×H210×D125

●1個の製作単価約 ¥3,500～¥5,000／$29.2～$41.7

Ⓑ A&P: 研文社

material: 紙類

W90×H210×D125

●1個の製作単価約 ¥2,000～¥3,500／$16.7～$29.2

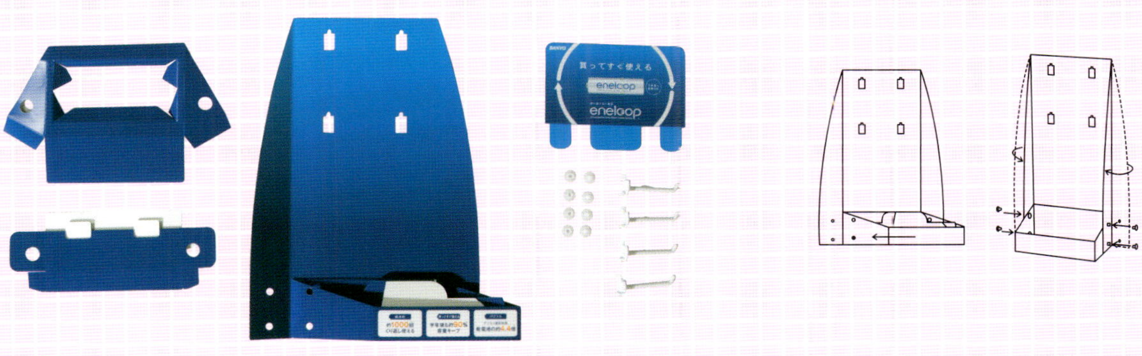

A&P: 大日本印刷

material: 紙類

W170×H480×D100

●1個の製作単価約￥2,000～￥3,500／$16.7～$29.2

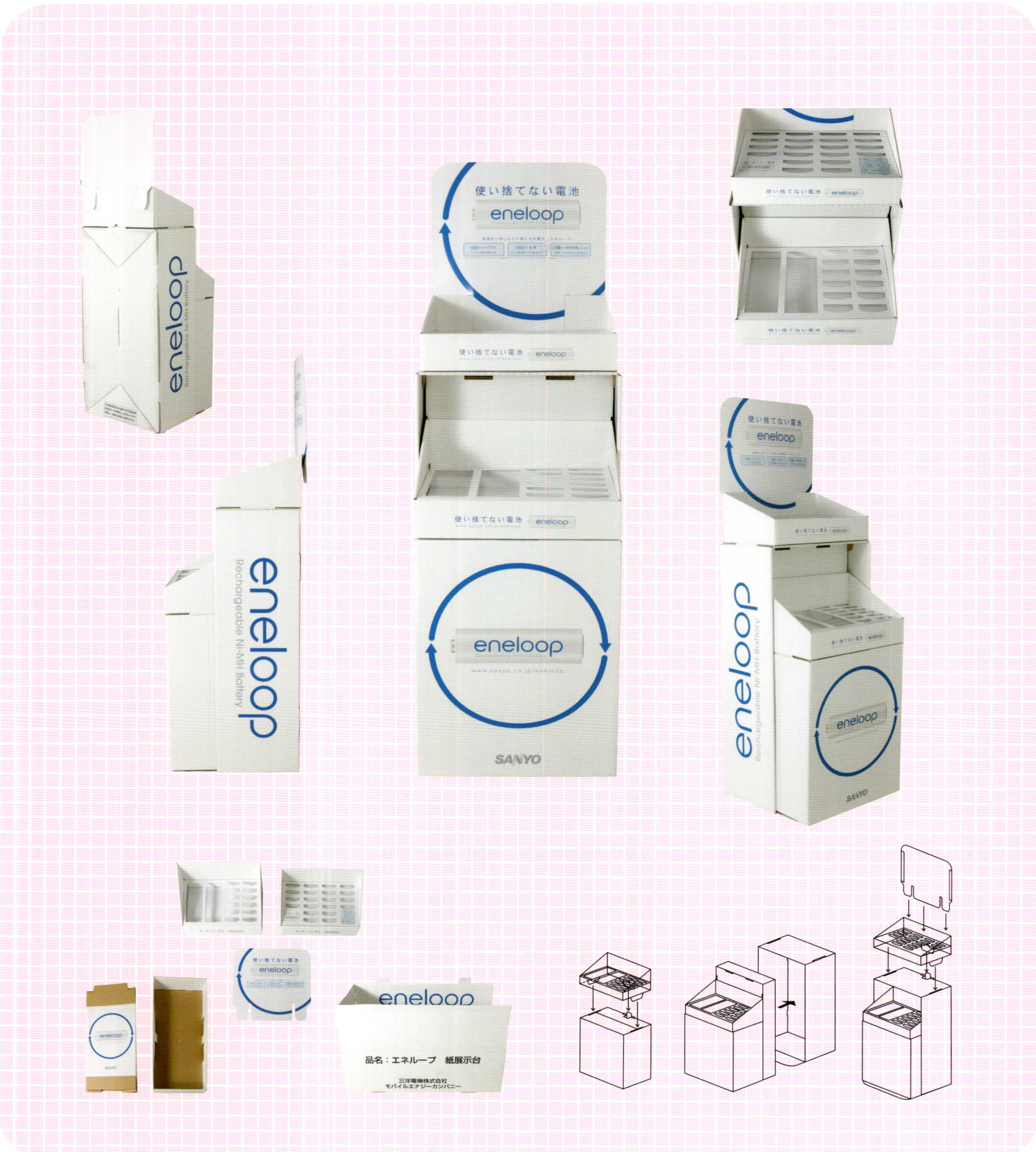

A&P: 大日本印刷

material:紙類

W414×H1285×D350

●1個の製作単価約￥3,500〜￥5,000／$29.2〜$41.7

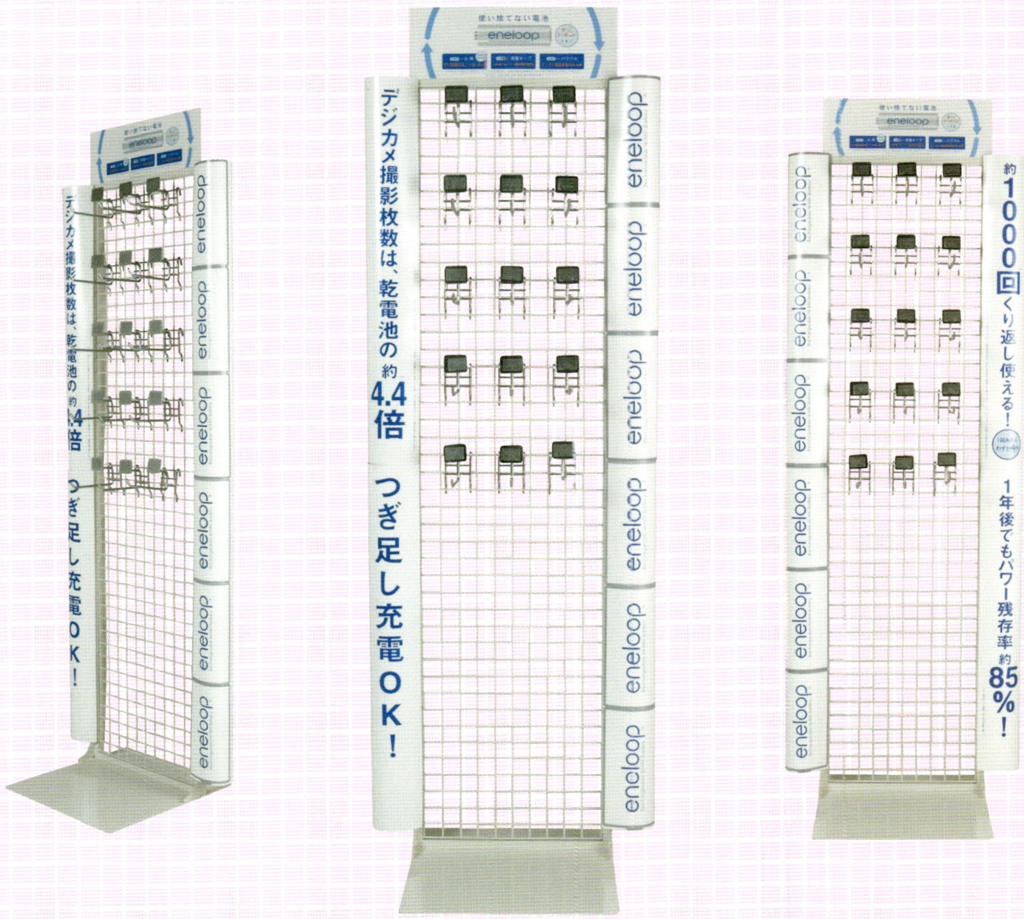

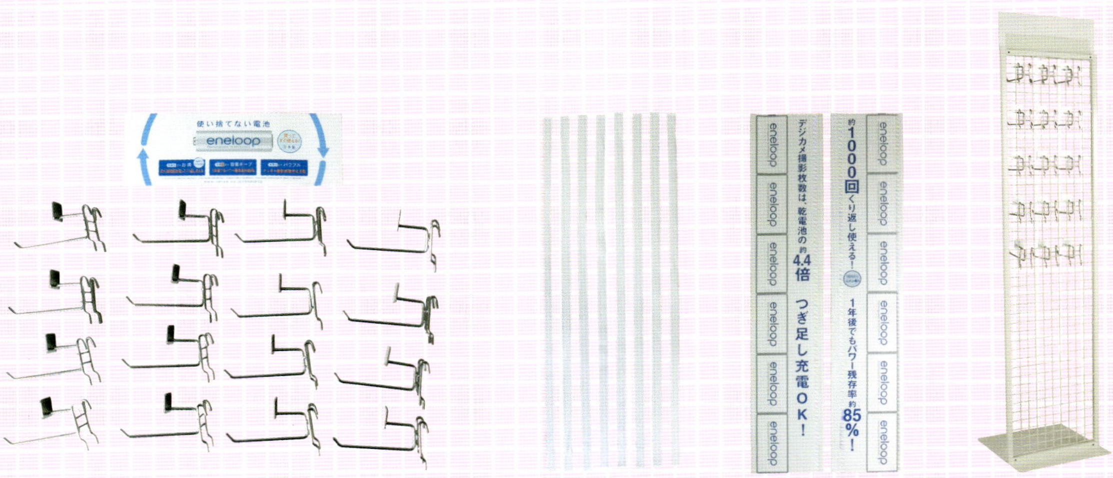

A&P: 新広芸社

material:紙類・スチール

●1個の製作単価:サイドPOP約￥2,000～￥3,500／$16.7～$29.2

:スチール代器約￥5,000以上／$41.7～

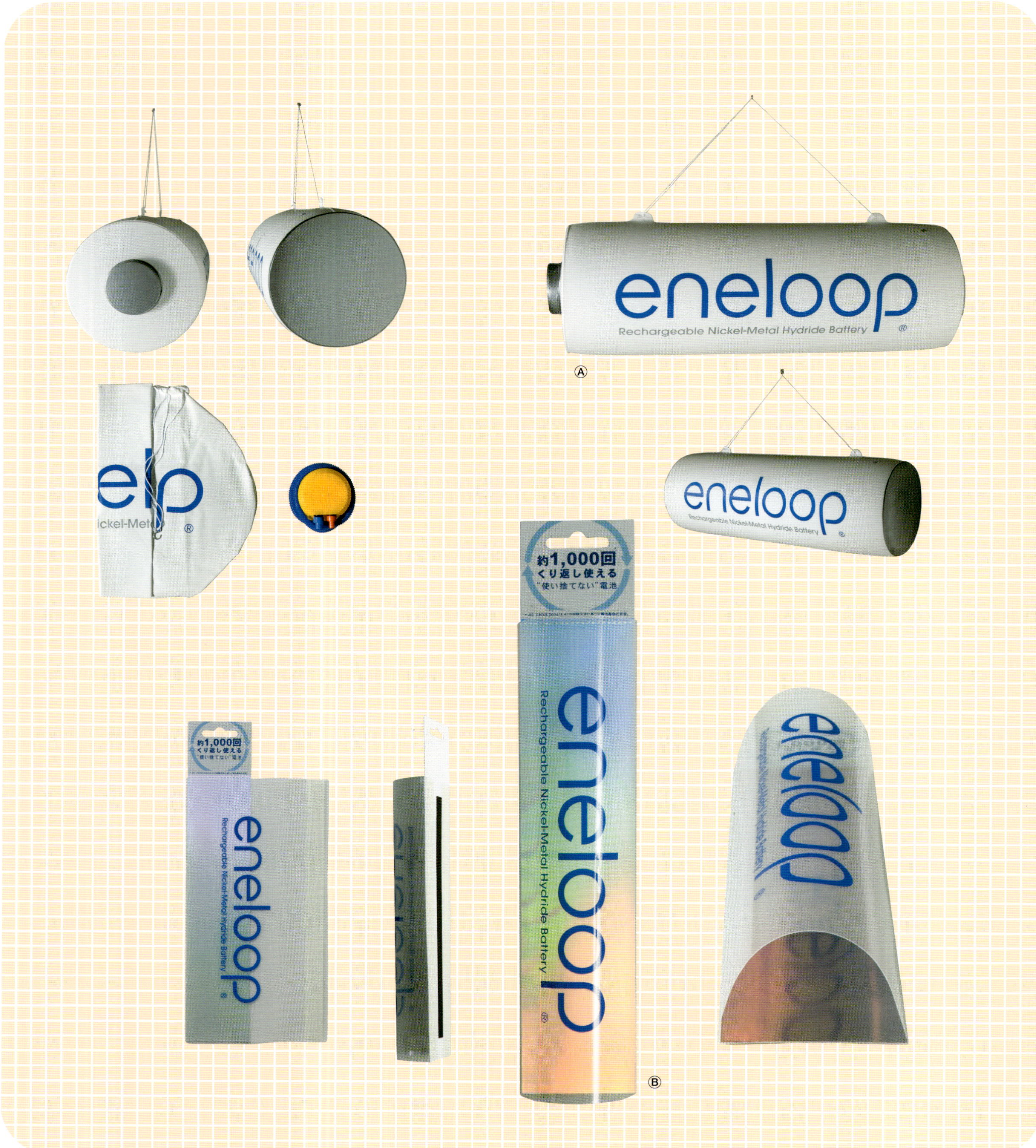

Ⓐ A&P: 新和印刷

material: 紙類

W900×H300×D300

●1個の製作単価約¥3,500～¥5,000／$29.2～$41.7

Ⓑ A&P: 新和印刷

material: 紙類

●1個の製作単価約¥500～1,000／$4.2～$8.4

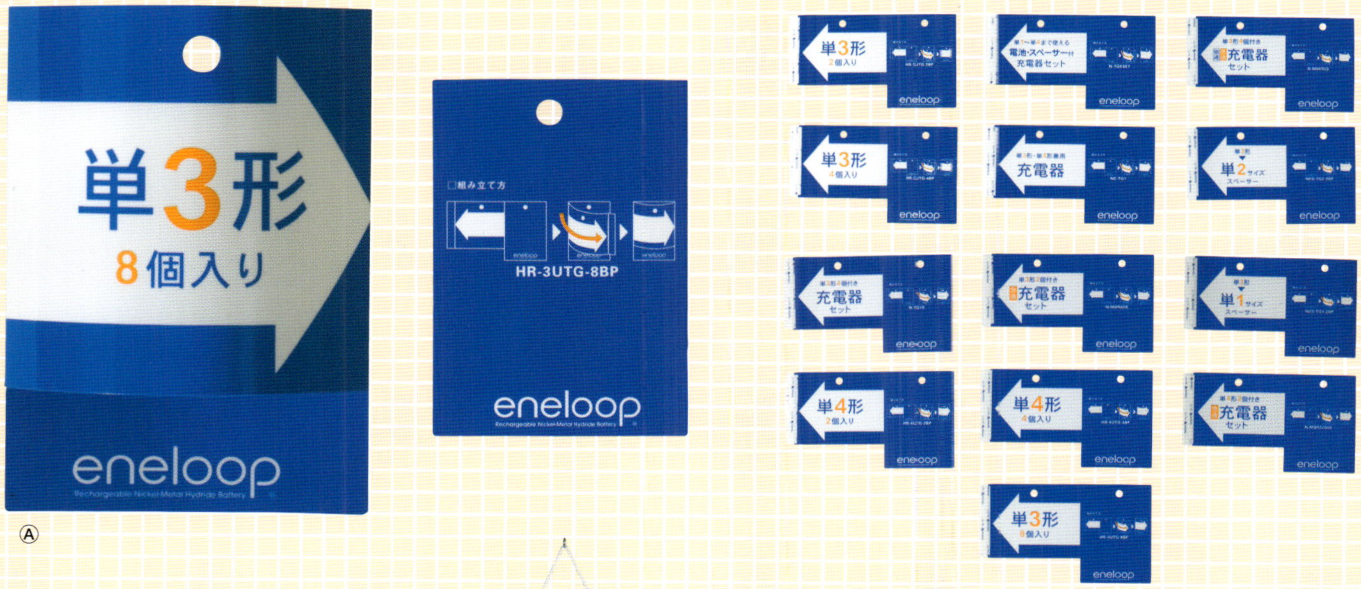

Ⓐ

Ⓑ

Ⓐ A&P：新和印刷

material：紙類

W70×H100×D30

●1個の製作単価約￥500～1,000／$4.2～$8.4

Ⓑ A&P：新広芸社

material：紙類

W200×H600

●1個の製作単価約￥1,000～2,000／$8.4～$16.7

Ⓐ

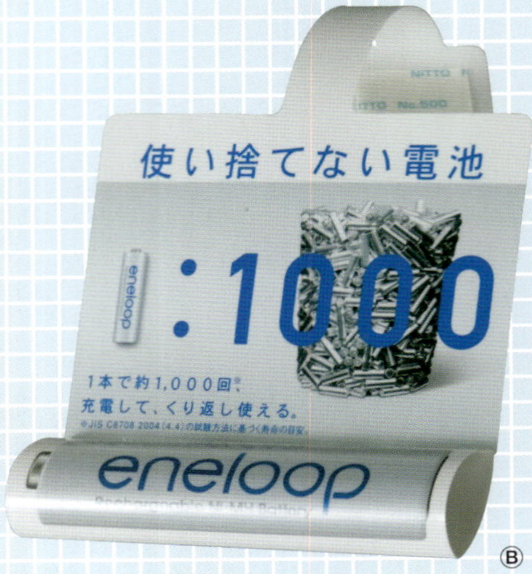

Ⓑ

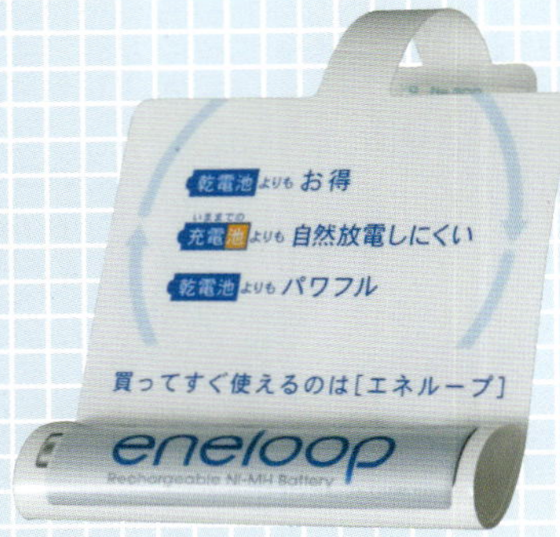

Ⓒ

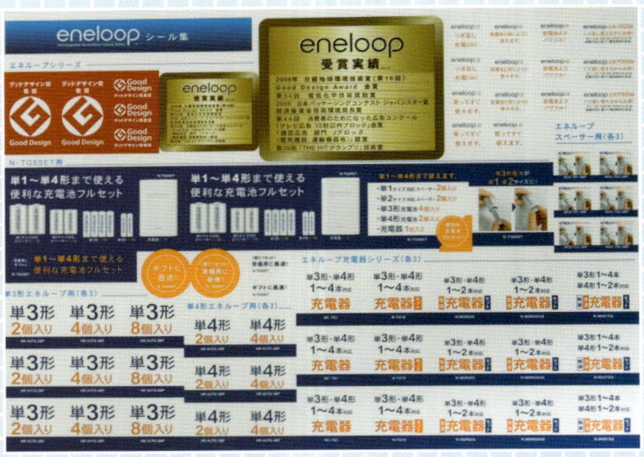

Ⓓ

Ⓔ

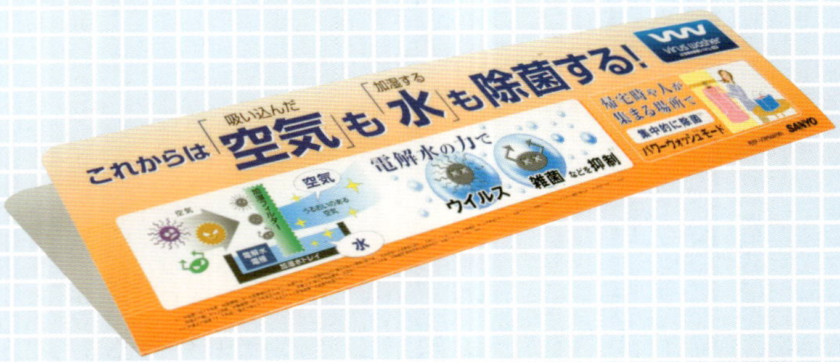

Ⓕ

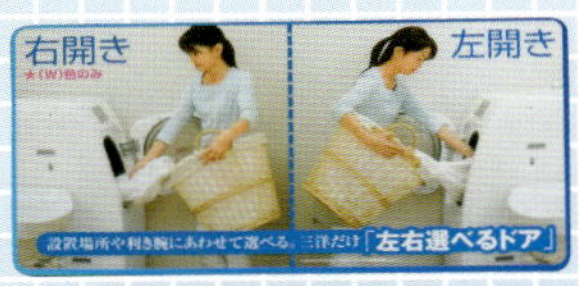

Ⓖ

Ⓗ

Ⓘ

ⒶA&P: 新和印刷
material: 紙類
●1個の製作単価約¥500未満／~$4.2

ⒷA&P: 新和印刷
material: 紙類
●1個の製作単価約¥500未満／~$4.2

ⒸA&P: 新和印刷
material: 紙類
●1個の製作単価約¥500未満／~$4.2

ⒹA&P: 新和印刷
material: 紙類
●1個の製作単価約¥500未満／~$4.2

ⒺA&P: 新和印刷
material: 紙類
●1個の製作単価約¥500未満／~$4.2

ⒻA&P: 新和印刷
material: 紙類
●1個の製作単価約¥500~1,000
$4.2~$8.4

ⒼA&P: 研文社
material: 紙類
●1個の製作単価約¥500~1,000
$4.2~$8.4

ⒽA&P: 研文社
material: 紙類
●1個の製作単価約¥500~1,000
$4.2~$8.4

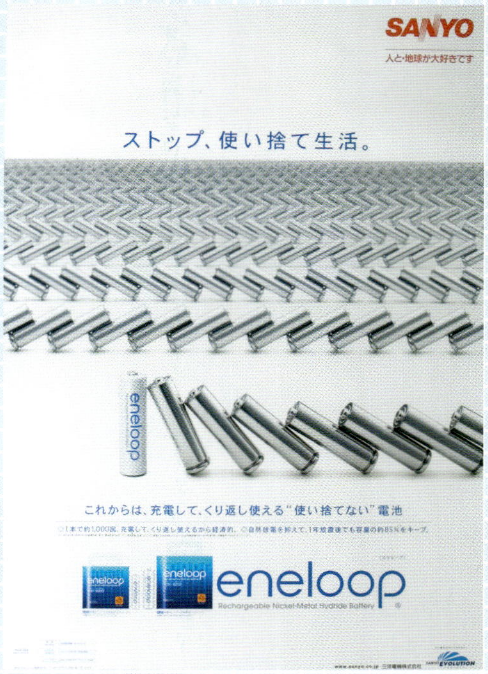

Ⓙ

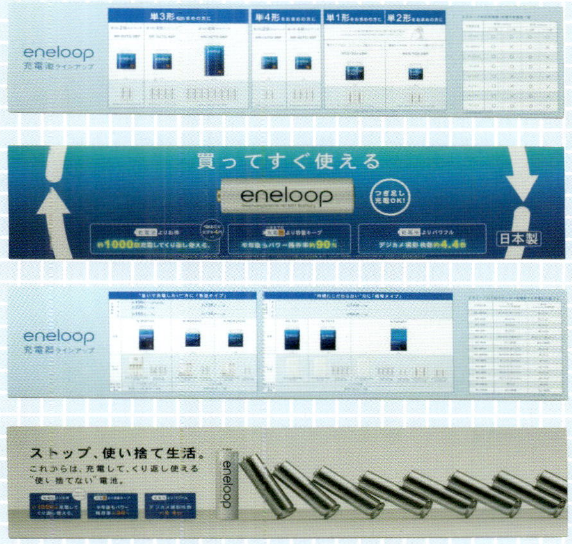

Ⓚ

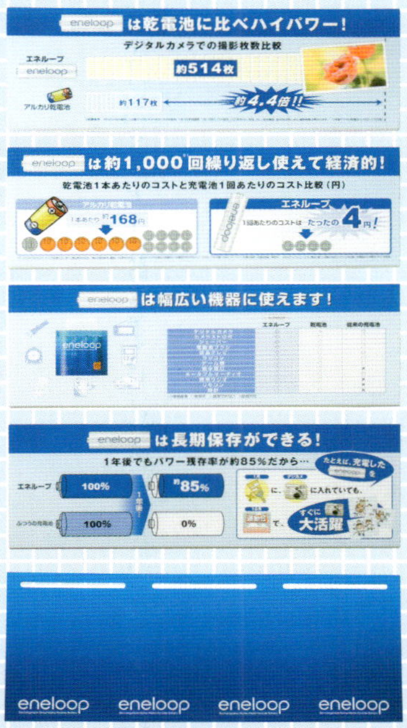

Ⓛ

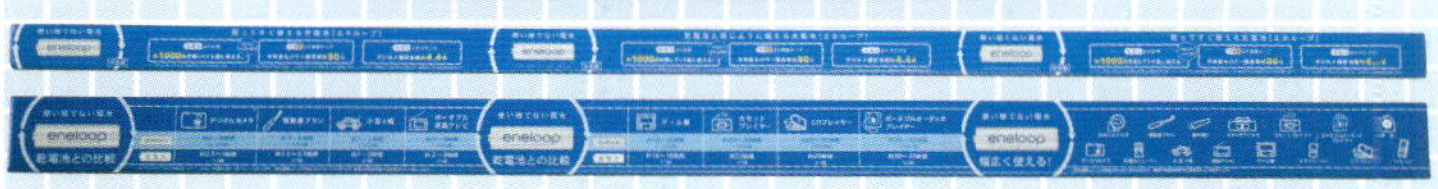

Ⓜ

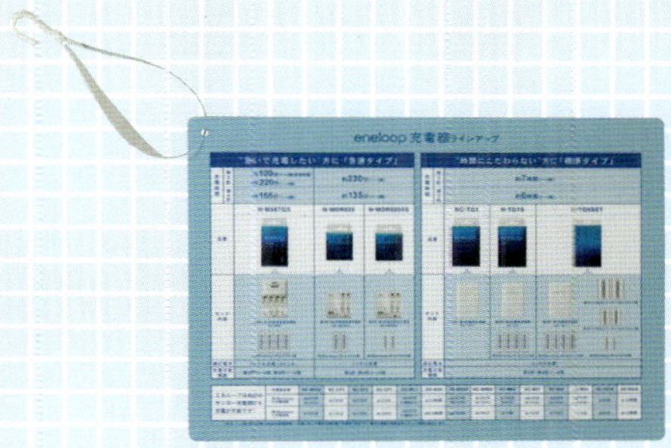

Ⓝ

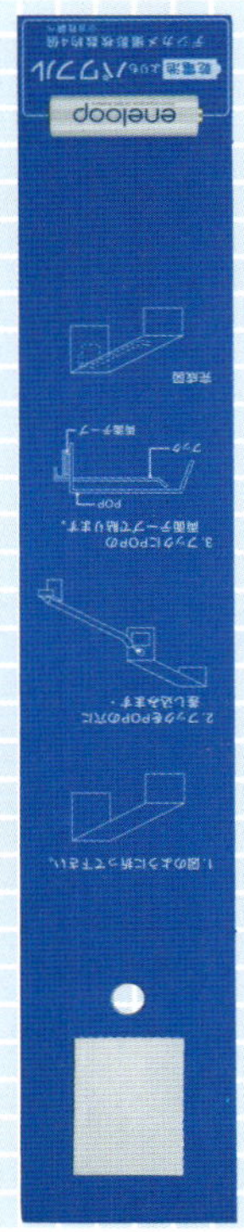

Ⓞ

ⒾA&P: 研文社
material: 紙類
●1個の製作単価約￥500～1,000
$4.2～$8.4

ⒿA&P: 新和印刷
material: 紙類
●1個の製作単価約￥500未満／～$4.2

ⓀA&P: 新和印刷
material: 紙類
●1個の製作単価約￥500～1,000
$4.2～$8.4

ⓁA&P: 新和印刷
material: 紙類
●1個の製作単価約￥500未満／～$4.2

ⓂA&P: 新和印刷
material: 紙類
●1個の製作単価約￥500未満／～$4.2

ⓃA&P: 新和印刷
material: 紙類
●1個の製作単価約￥500未満／～$4.2

ⓄA&P: 新和印刷
material: 紙類
●1個の製作単価約￥500未満／～$4.2

COUNTER P.O.P.

COUNTER P.O.P.

佐藤製薬

A & P : ニットー
MATERIAL : 紙類・合紙
W 305 × H 320 × D 260

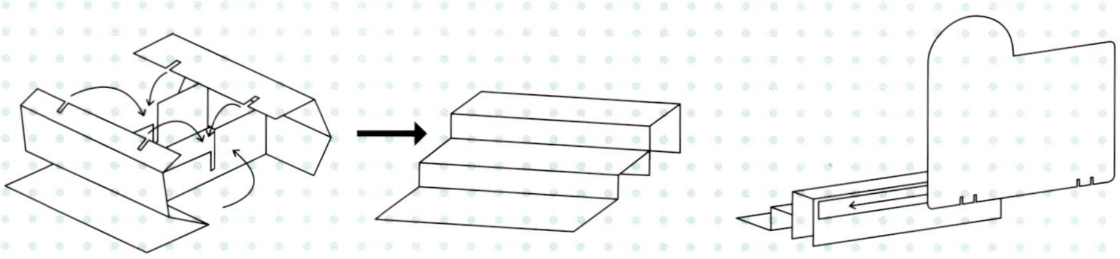

アース製薬

A & P : 凡美社
MATERIAL : 紙類・合紙・ナイロン・布・金属
W 250 × H 250 × D 250

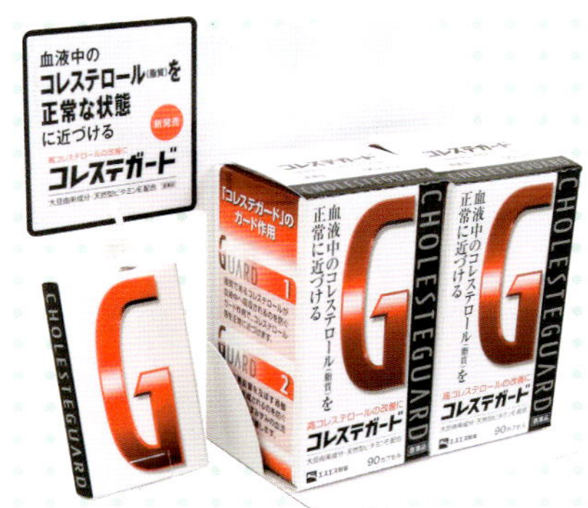

エスエス製薬

A & P : 大日本印刷
MATERIAL : 紙類
W 90 × H 140 × D 160

第一三共ヘルスケア
A & P : クレイブエージェンシー
MATERIAL : 紙類
W 450 × H 534 × D 235

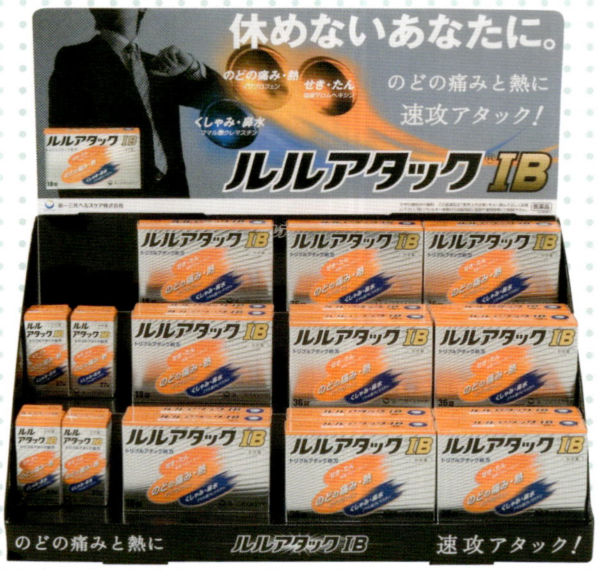

武田薬品工業
A & P : 中央宣興
MATERIAL : 発泡スチロール・紙類
W 280 × H 400 × D 130

第一三共ヘルスケア
A & P : クレイブエージェンシー
MATERIAL : 紙類
W 275 × H 360 × D 180

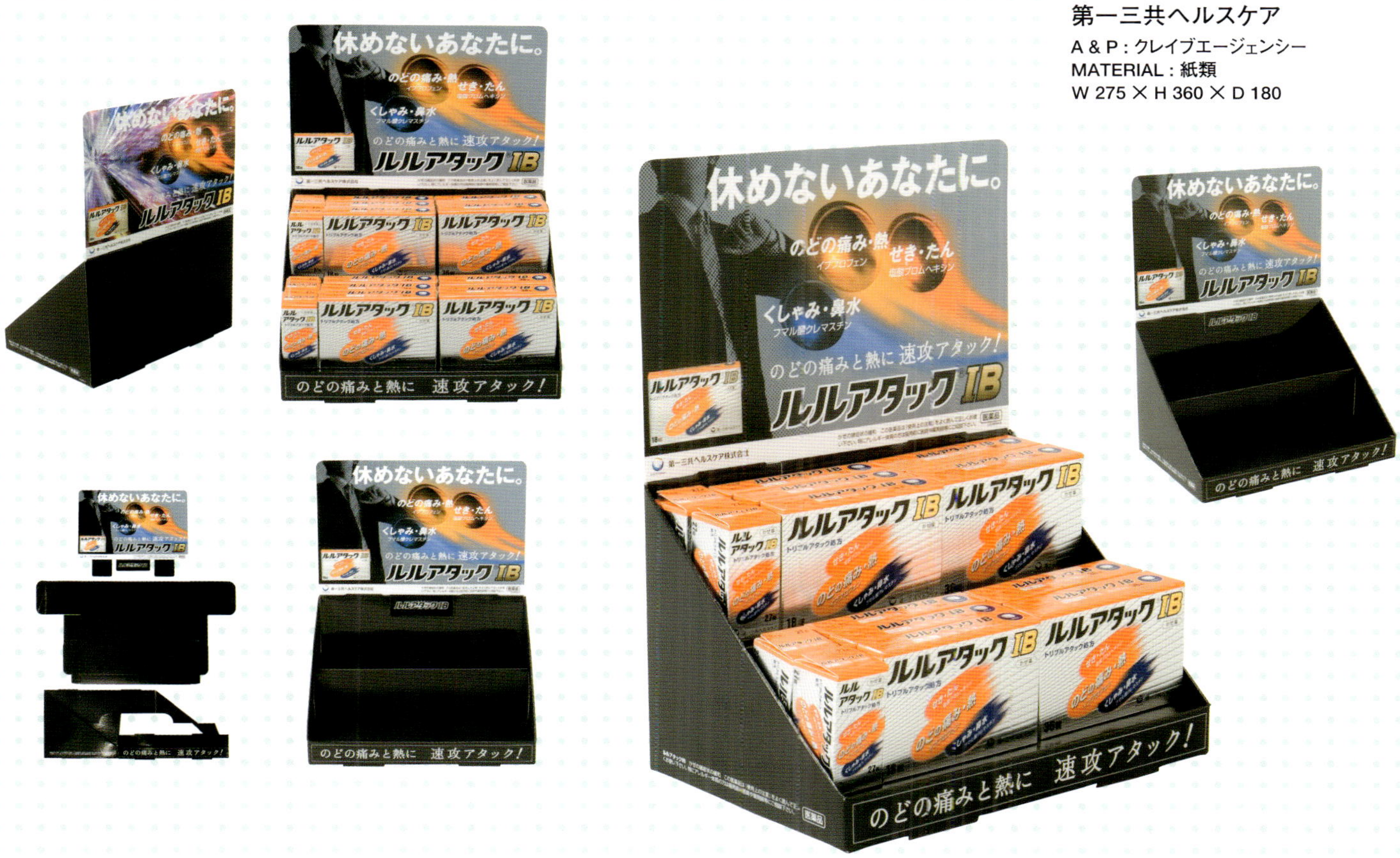

大鵬薬品工業
A & P : 日本写真印刷
MATERIAL : アクリル
W 55 × H 60 × D 68

エスエス製薬
A & P : 大日本印刷
MATERIAL : ハイクリンコート・CPボール・片段E・BF両段
W 450 × H 500 × D 365

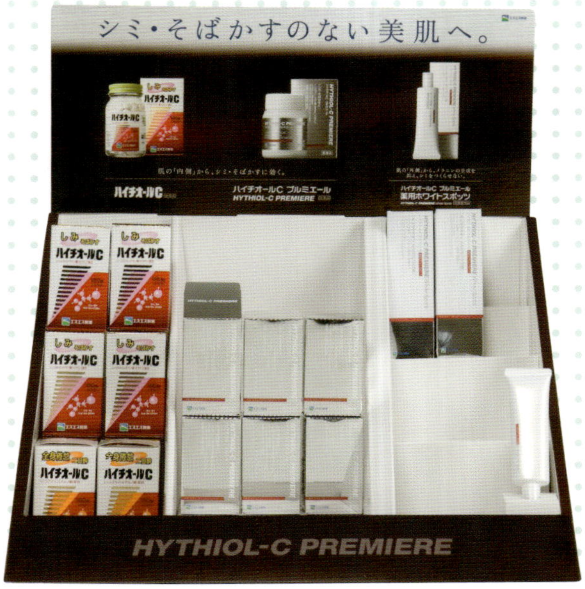

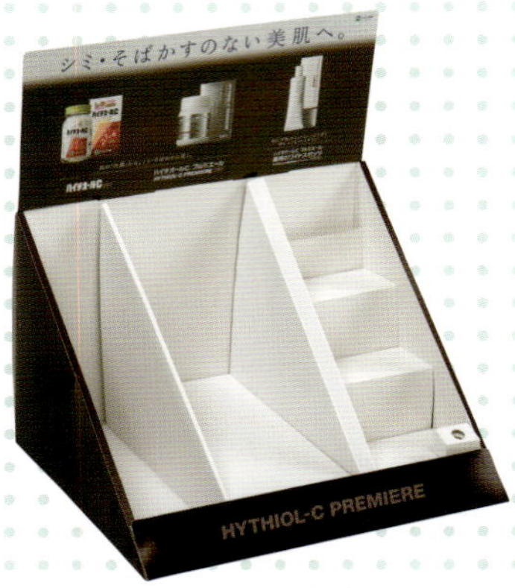

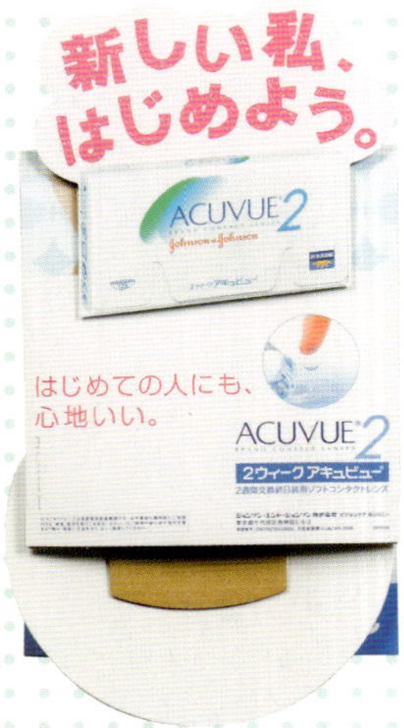

ジョンソン・エンド・ジョンソン
ビジョンケアカンパニー
MATERIAL : 紙類

クラリオン

A & P : セザックス / ピラコチャ
MATERIAL : 合紙・PET・スチレンボード
W 300 × H 300 × D 300

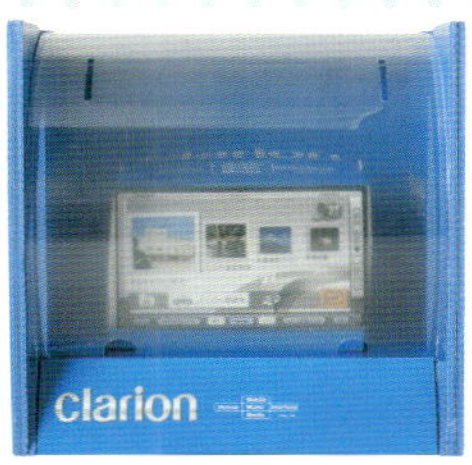

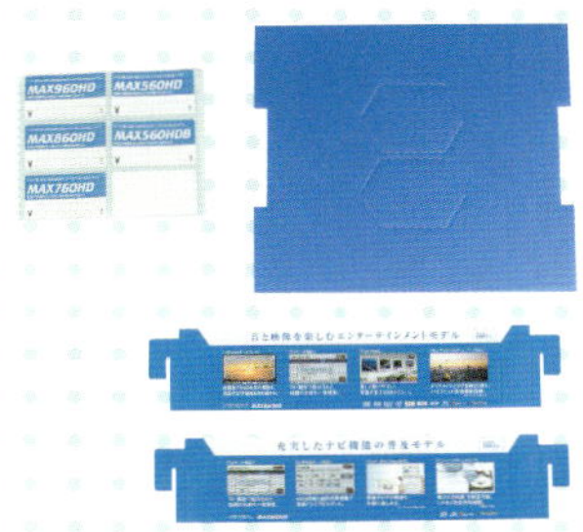

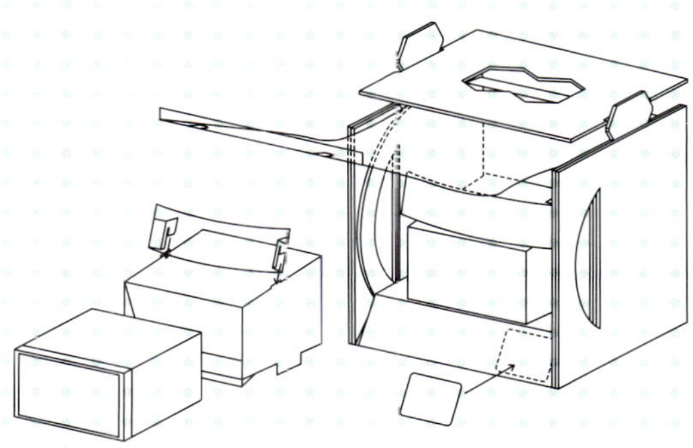

日立製作所
A & P : 日立ハイプラン
MATERIAL : 紙・アクリル・鉄
W 480 × H 480 × D 420

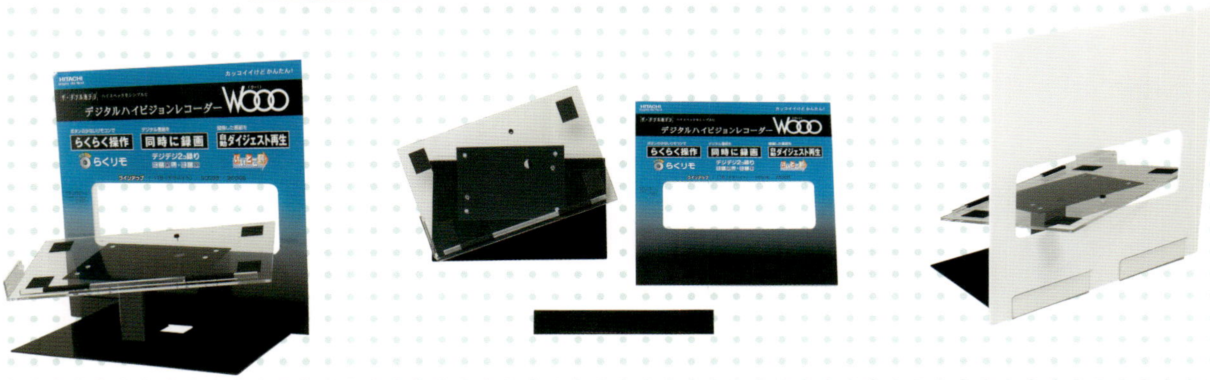

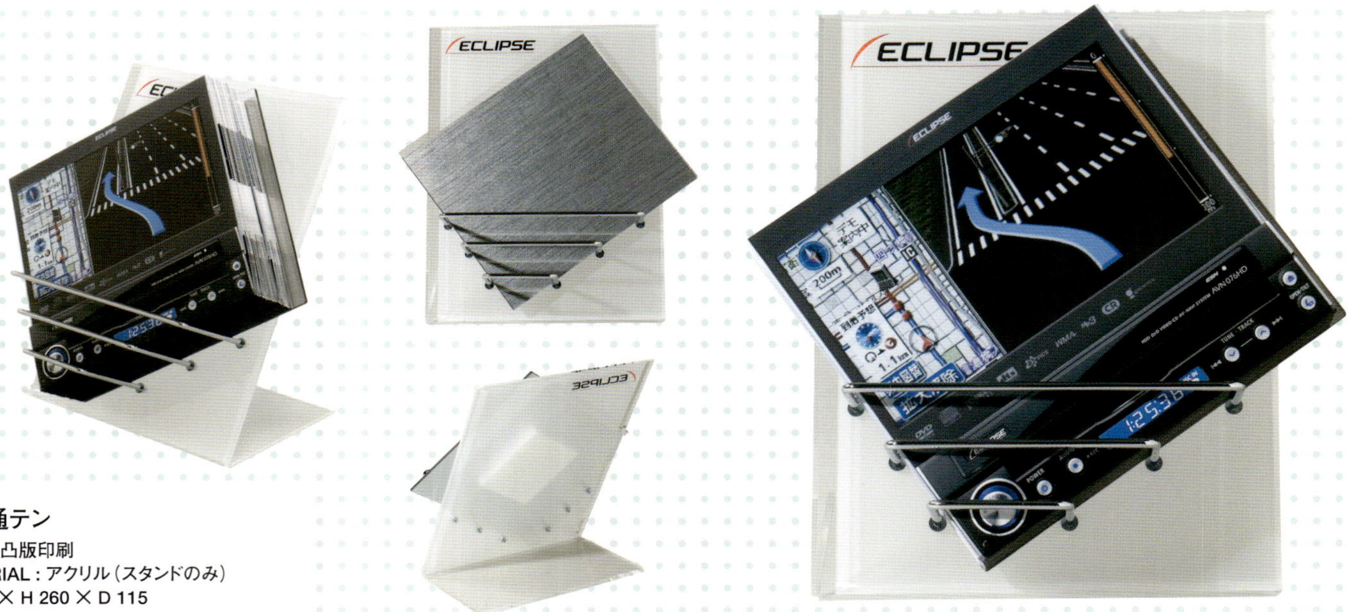

富士通テン
A & P : 凸版印刷
MATERIAL : アクリル(スタンドのみ)
W 200 × H 260 × D 115

富士通テン
A & P : 凸版印刷
MATERIAL : 樹脂
W 300 × H 300 × D 300

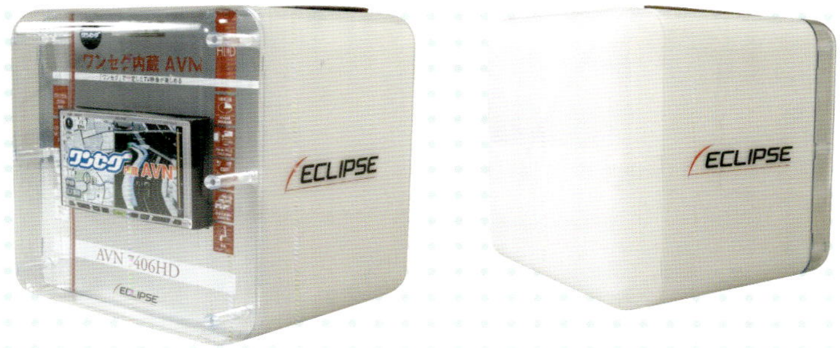

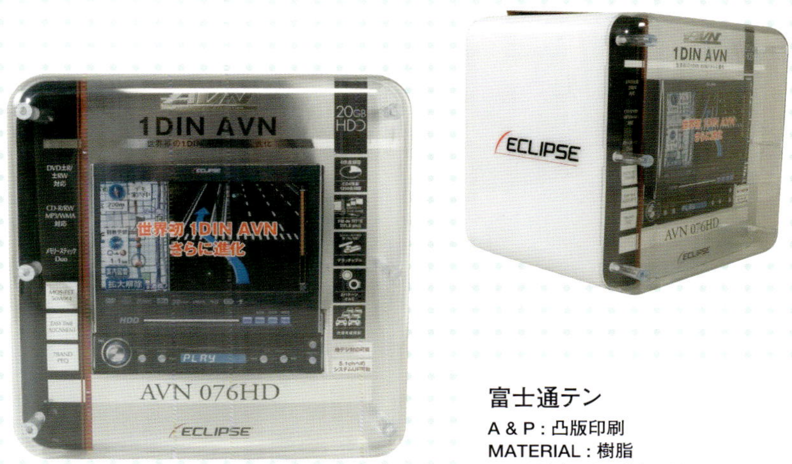

富士通テン
A & P : 凸版印刷
MATERIAL : 樹脂
W 300 × H 300 × D 300

富士通テン
A & P : 凸版印刷
MATERIAL : PET
W 600 × H 303 × D 290

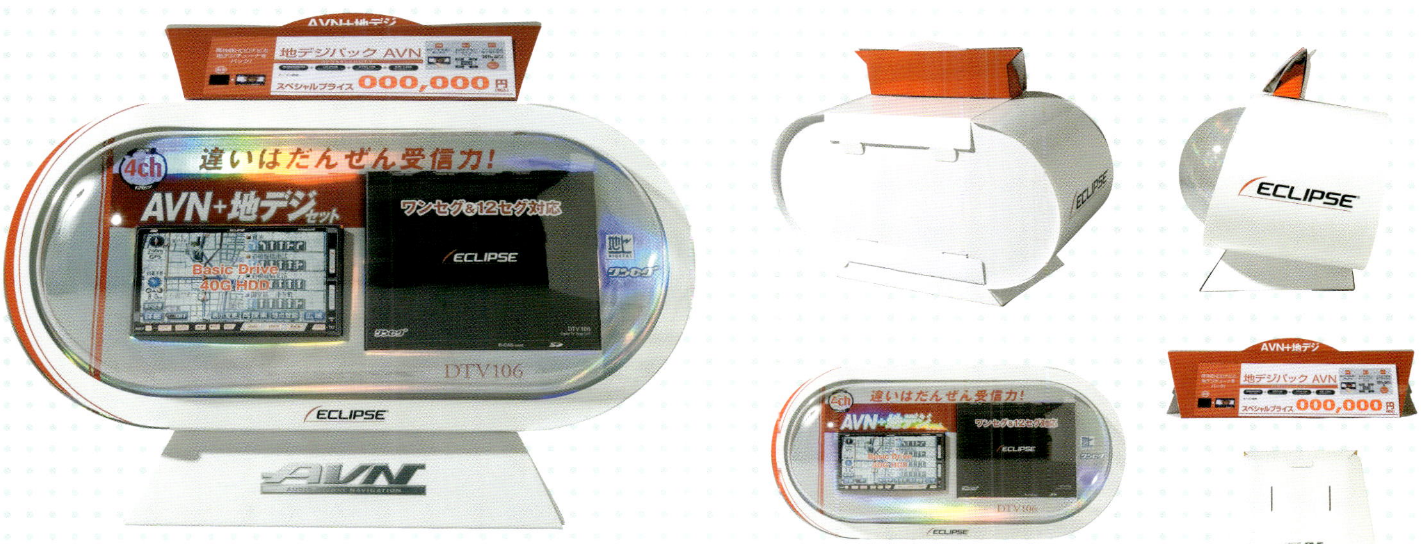

NECライティング
A & P : アルファ企画
MATERIAL : 紙類
W 106 × H 153 × D 60

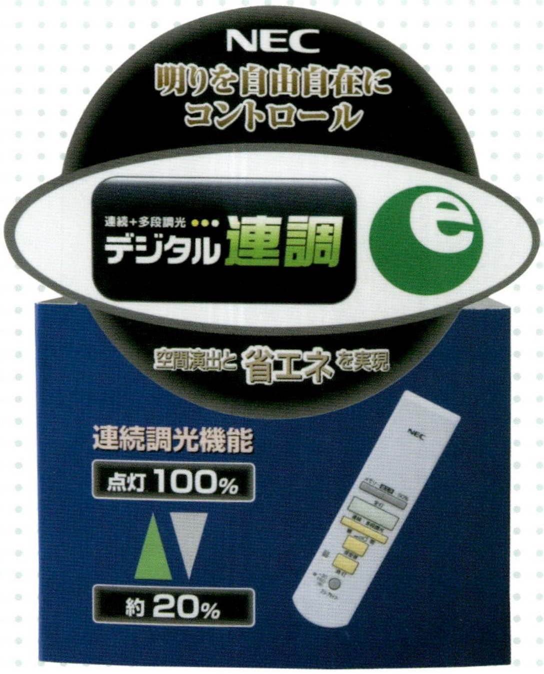

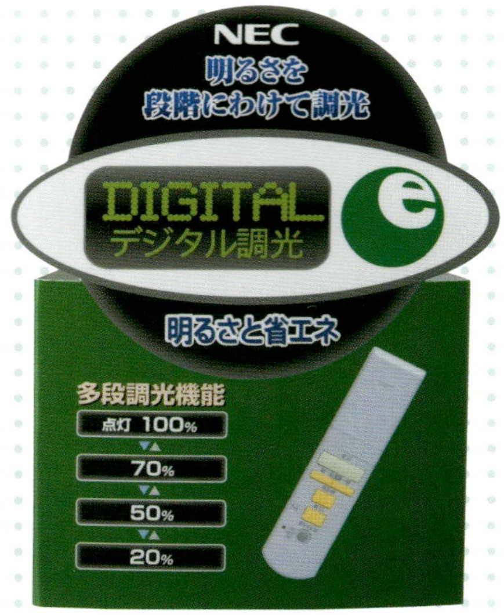

ソニー・コンピュータエンタテインメント
A & P : ソニー・マガジンズ
MATERIAL : 紙類
W 140 × H 215 × D 35

バンダイナムコゲームス
RIDGE RACER™7
© 2006 NAMCO BANDAI Games Inc.
© 創通エージェンシー・サンライズ
A & P : SMC
MATERIAL : 紙類
W 210 × H 270 × D 110

バンダイナムコゲームス
©.hack Conglomerate
©2006 NBGI
A & P : アーケイア / シナテック
MATERIAL : 紙類
W 145 × H 190 × D 40

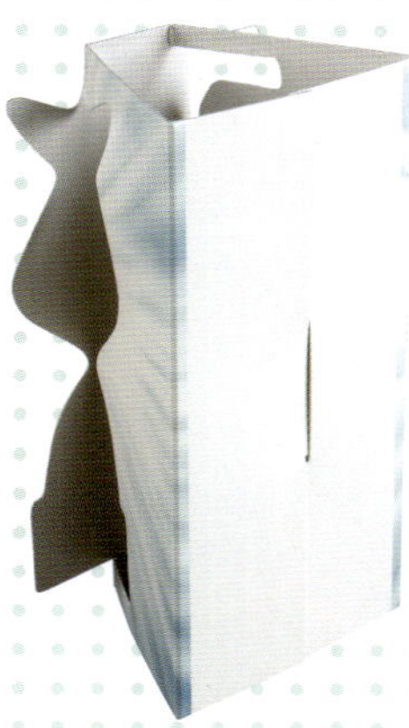

バンダイナムコゲームス
©いのまたむつみ
©2005 NBGI
A & P : SMC
MATERIAL : 紙類
W 50 × H 120 × D 50

バンダイナムコゲームス
©いのまたむつみ
©2005 NBGI
A & P : SMC
MATERIAL : 紙類
W 50 × H 120 × D 50

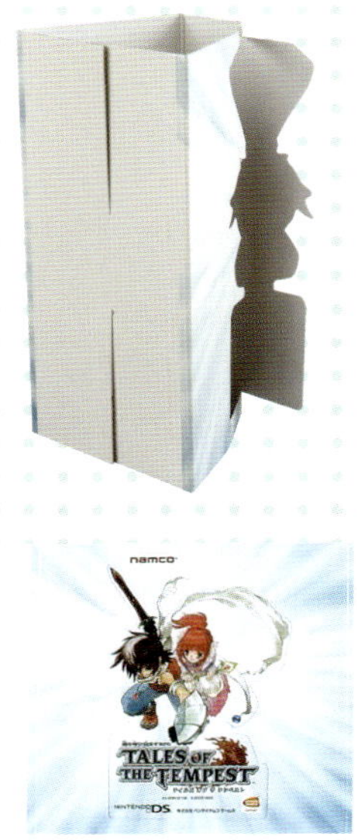

バンダイナムコゲームス
©いのまたむつみ
©2005 NBGI
A & P : SMC
MATERIAL : 紙類
W 50 × H 120 × D 50

バンダイナムコゲームス
©.hack Conglomerate
©2006 NBGI
A & P : メディアワークス
MATERIAL : 紙類
W 215 × H 305 × D 210

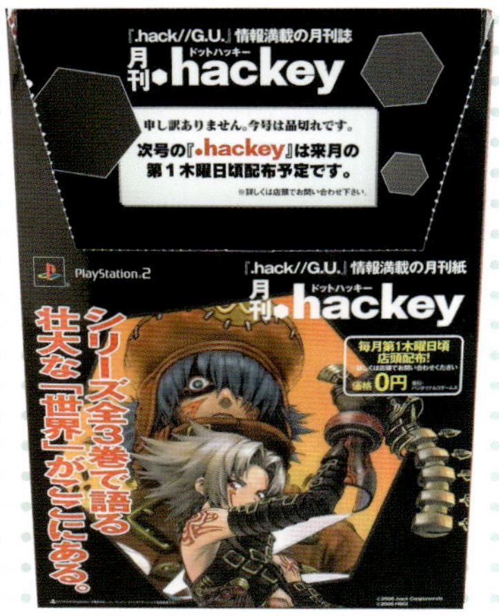

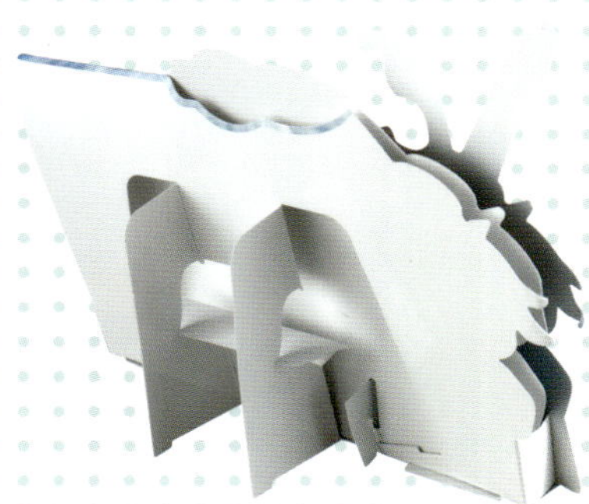

バンダイナムコゲームス
©いのまたむつみ
©2005 NBGI
A & P : SMC
MATERIAL : 紙類
W 250 × H 170 × D 70

バンダイナムコゲームス
©BANDAI・WiZ 2004
©2006 NBGI
A & P : レイアップ / シナテック
MATERIAL : 紙類
W 225 × H 170 × D 25

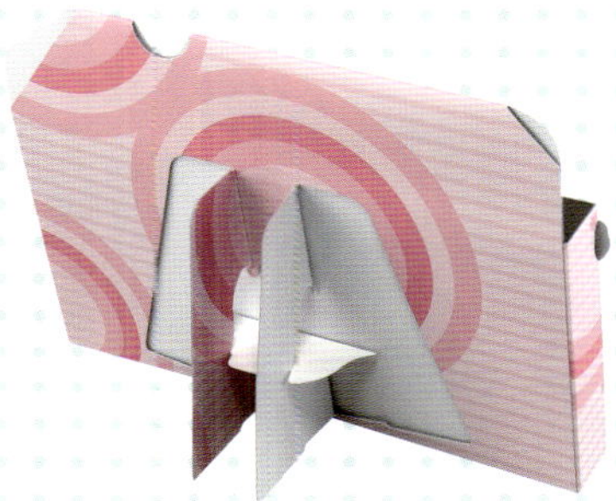

バンダイナムコゲームス
©本郷あきよし・東映アニメーション・フジテレビ
©2006 NBGI
A & P : レイアップ / シナテック
MATERIAL : 紙類
W 150 × H 230 × D 80

セガ
©1995/2006 CHUNSOFT / すぎやまこういち
MATERIAL : 紙類
W 255 × H 180 × D 80

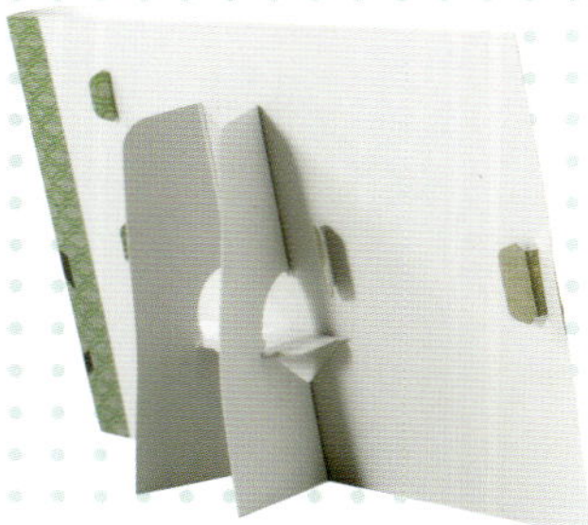

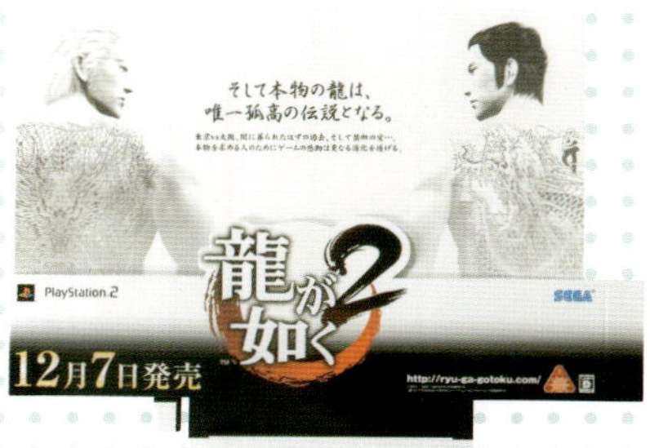

セガ
©SEGA
MATERIAL : 紙類
W 295 × H 210 × D 100

セガ

MATERIAL : 紙類
W 255 × H 122 × D 75

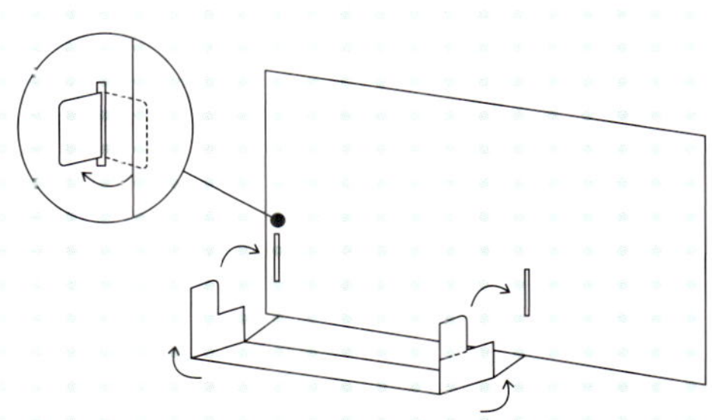

セガ

© SEGA
MATERIAL : 紙類
W 320 × H 210 × D 100

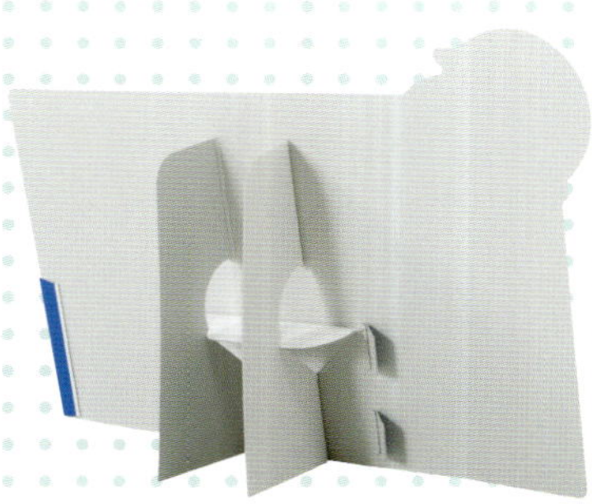

セガ
©SEGA
「ホームスター」™は株式会社セガトイズの商標です。
「漢字検定」・「漢検」は財団法人 日本漢字能力検定協会の商標です。
MATERIAL：紙類
W 325 × H 200 × D 250

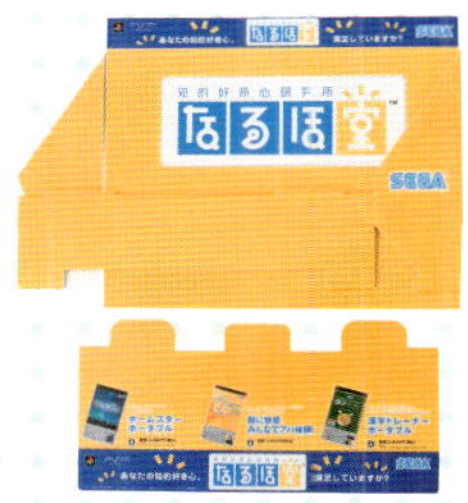

セガ
©SEGA
MATERIAL：紙類
W 110 × H 225 × D 80

井村屋製菓
A & P : クラウンパッケージ
MATERIAL : 紙類
W 360 × H 220 × D 125

井村屋製菓
A & P : クラウンパッケージ
MATERIAL : 紙類
W 355 × H 370 × D 130

井村屋製菓

A & P : クラウンパッケージ
MATERIAL : 紙類
W 390 × H 330 × D 300

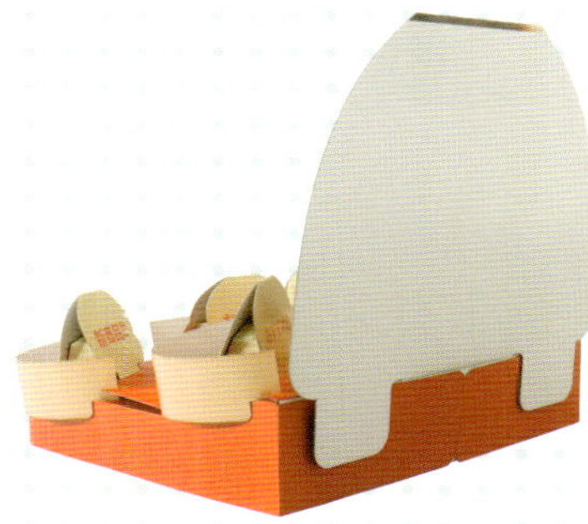

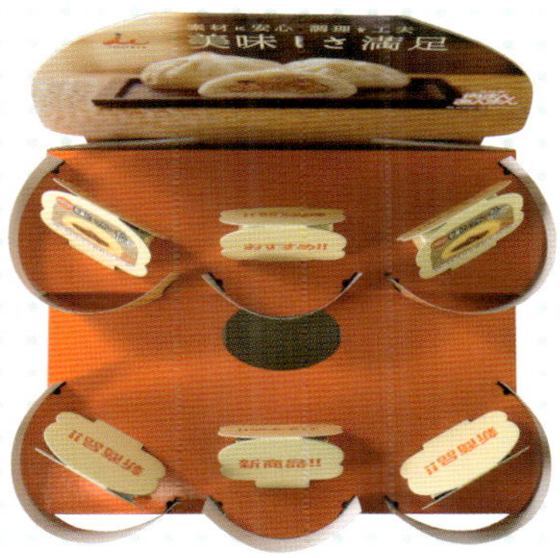

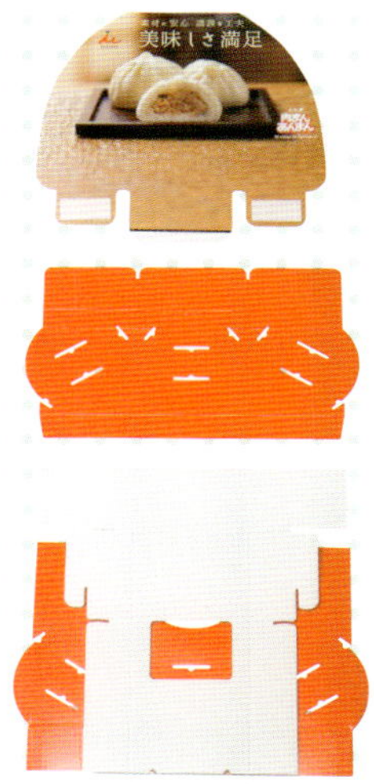

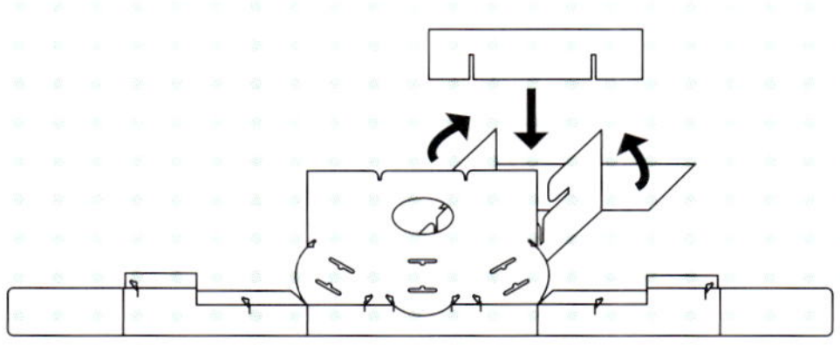

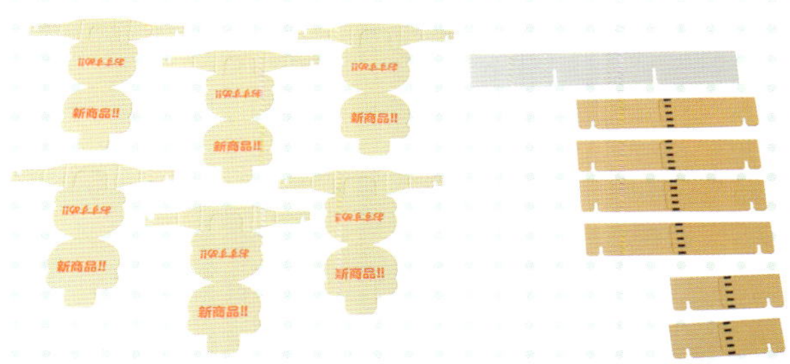

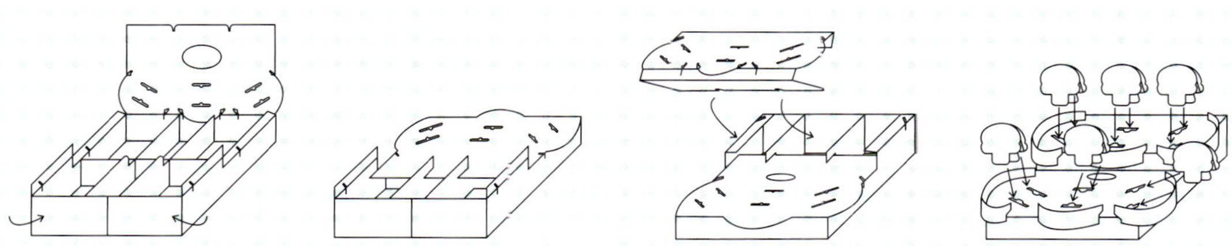

タカラトミー
©TOMY
「トミカ」は株式会社タカラトミーの登録商標です。
A & P : 自社
MATERIAL : 紙類
W 165 × H 165 × D 90

タカラトミー
©TOMY
A & P : クリエイティブステージ
MATERIAL : 紙類
W 200 × H 400 × D 150

タカラトミー
©TOMY
デザイン : トムトイクリエイティブ / 製作:自社
MATERIAL : 紙類・プラスチック
W 245 × H 210 × D 70

タカラトミー
©TOMY
A & P : 自社
MATERIAL : 紙類
W 210 × H 300 × D 150

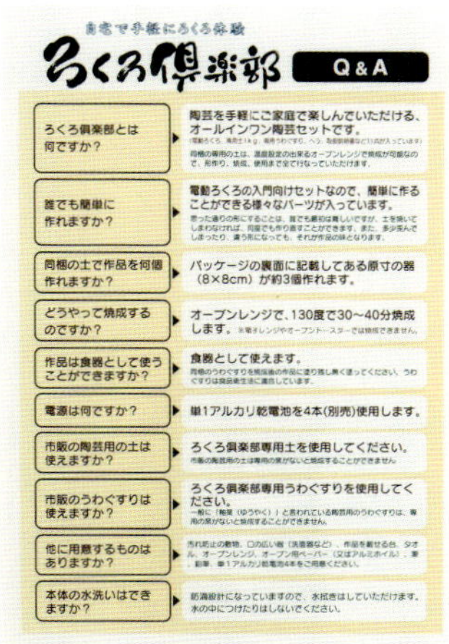

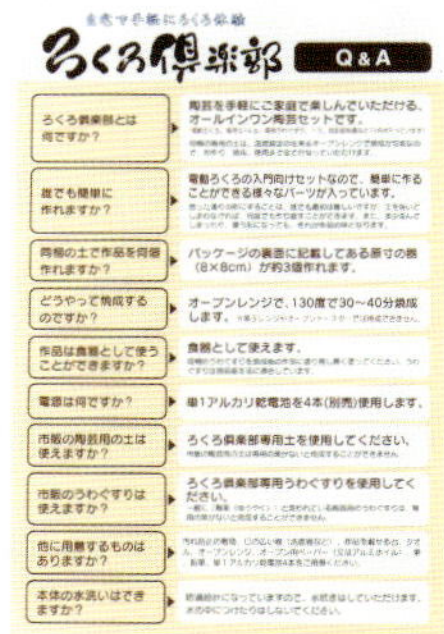

タカラトミー
©TOMY
A & P : クラフト
MATERIAL : 紙類
W 210 × H 300 × D 100

エスエスケイ
A & P : イシイ
MATERIAL : 紙類・牛革
W 256 × H 363

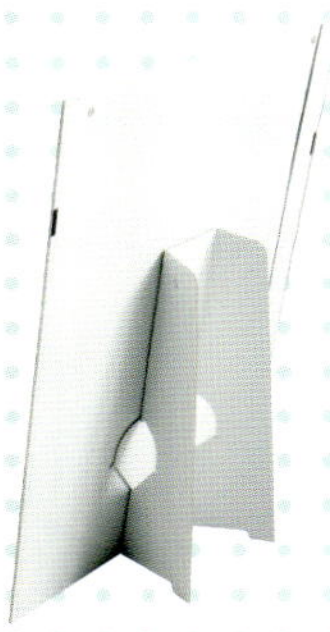

角川映画
A & P : ディー・ディー・ウェーブ
MATERIAL : 紙類
W 265 × H 195 × D 108

ケンウッド
MATERIAL : 紙類
W 300 × H 300 × D 300

セシール
A & P : DNP西日本
MATERIAL : ダンボール
W 210 × H 170 × D 265

セシール
A & P : 凸版印刷
MATERIAL : ダンボール
W 210 × H 170 × D 265

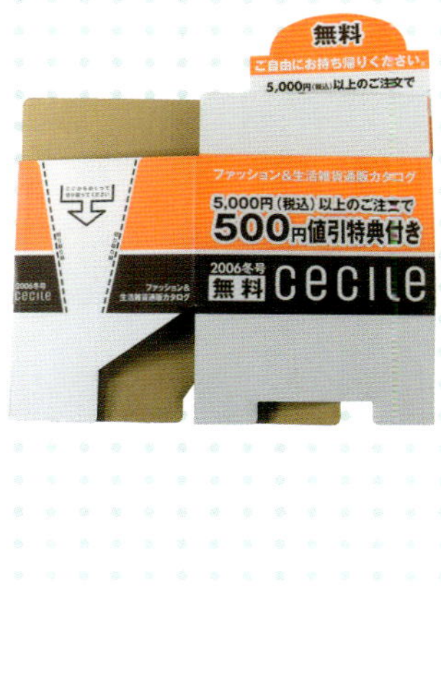

セシール
A & P : DNP西日本
MATERIAL : ダンボール
W 210 × H 170 × D 265

ソースネクスト
MATERIAL : 紙類
W 140 × H 240 × D 200

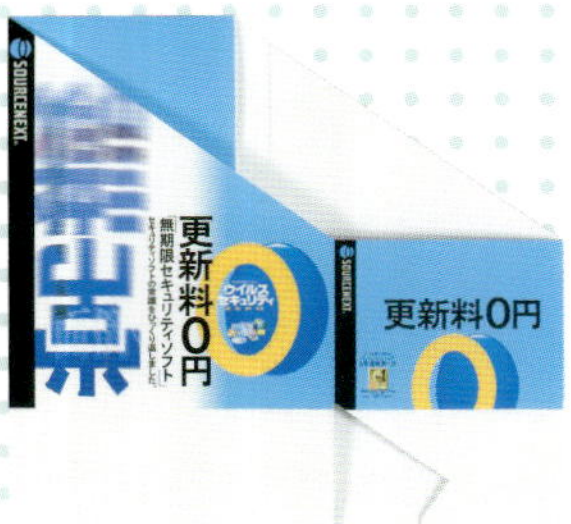

ソースネクスト
A & P : つくる
MATERIAL : 紙類
W 140 × H 244 × D 198

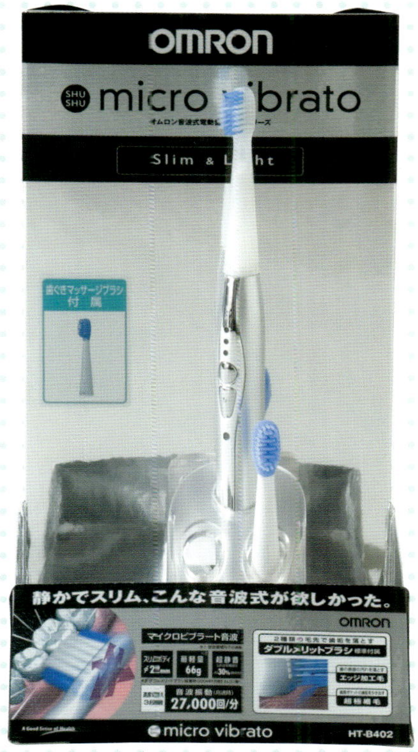

オムロンヘルスケア
A & P : 読売広告社
MATERIAL : 紙類
W 160 × H 280 × D 150

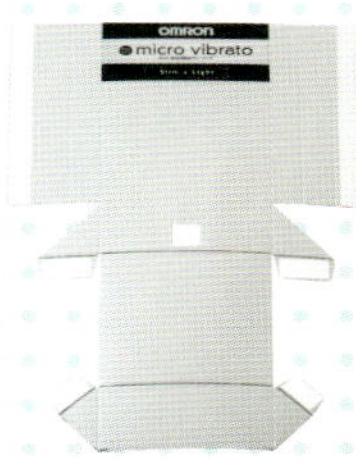

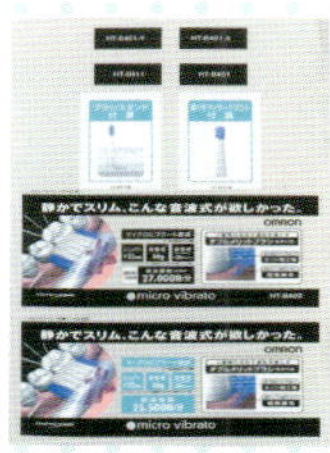

MRC・ホームプロダクツ（三菱レイヨングループ）
A & P : マスパック
MATERIAL : 紙類・PET・スチール
W 210 × H 360 × D 190

オムロンヘルスケア
A & P : 読売広告社
MATERIAL : 紙類
W 260 × H 280 × D 200

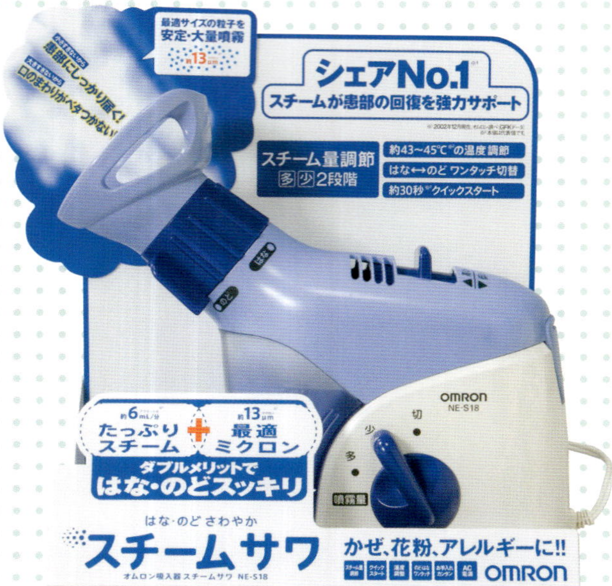

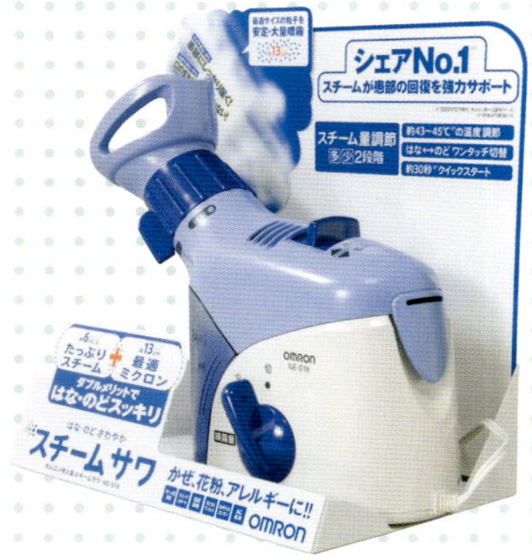

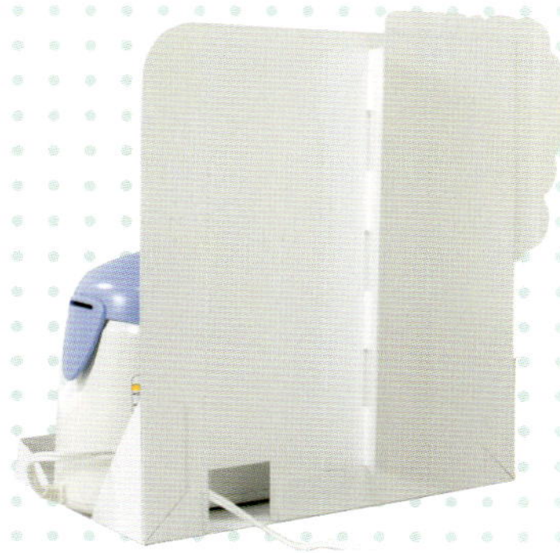

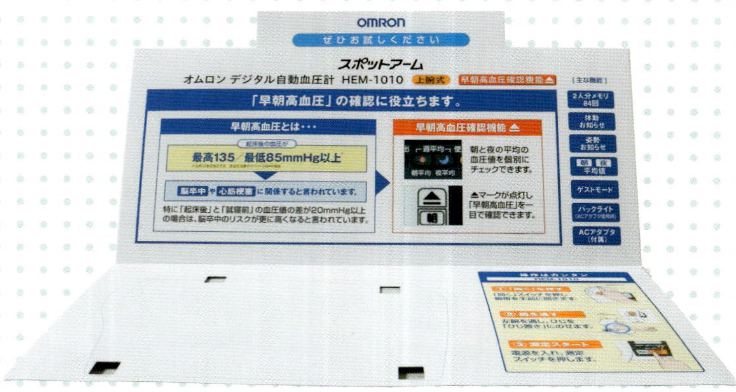

オムロンヘルスケア
A & P : 読売広告社
MATERIAL : 紙類
W 400 × H 200 × D 280

オムロンヘルスケア
A & P : 読売広告社
MATERIAL : 紙類
W 400 × H 200 × D 280

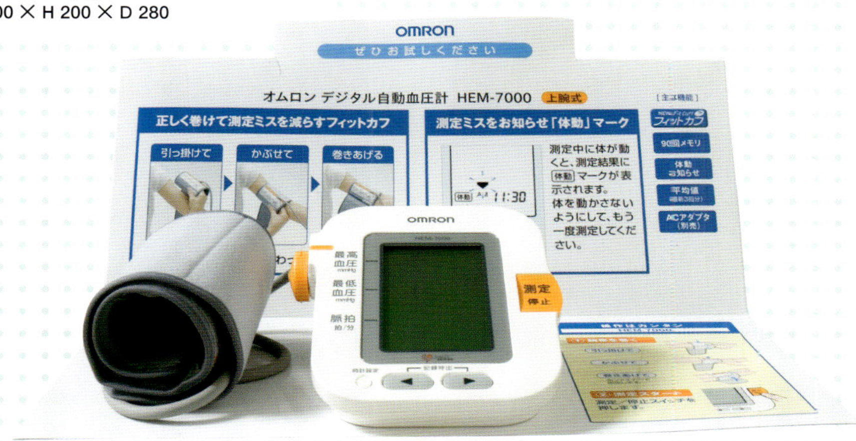

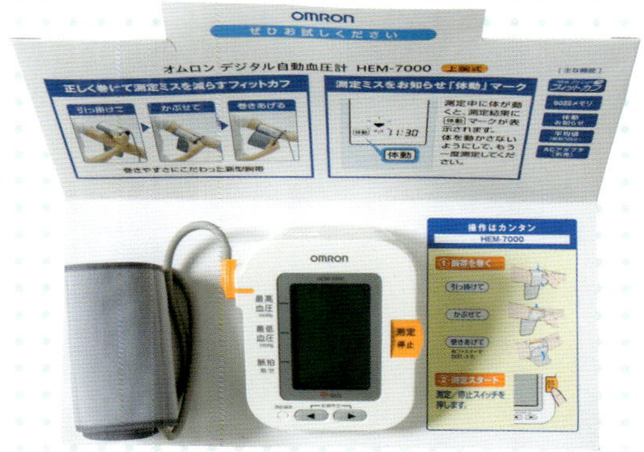

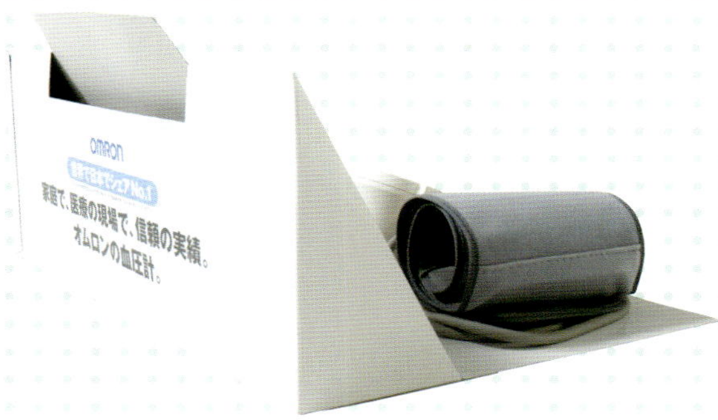

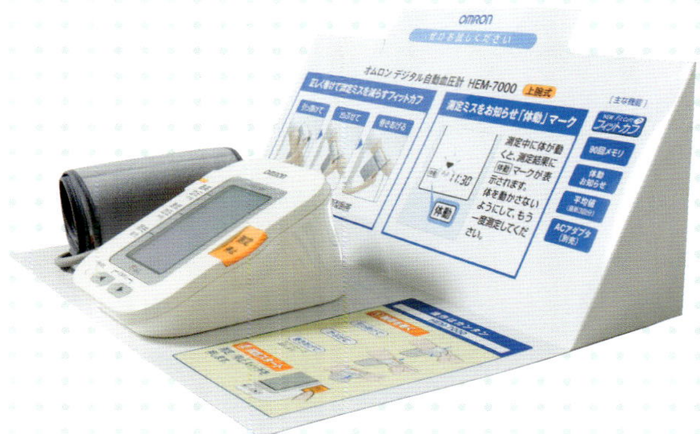

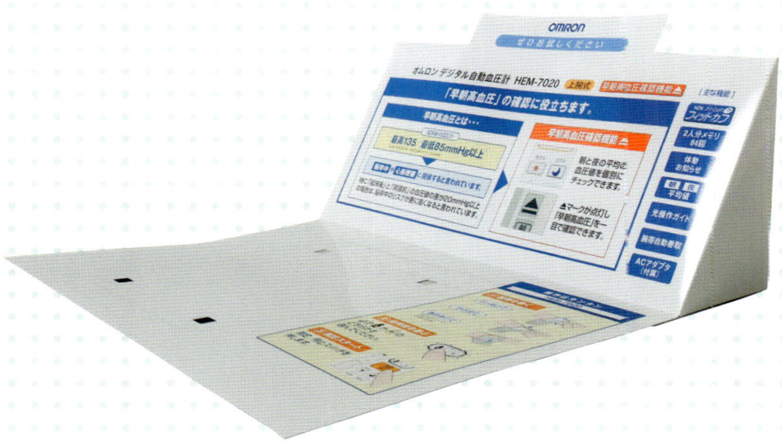

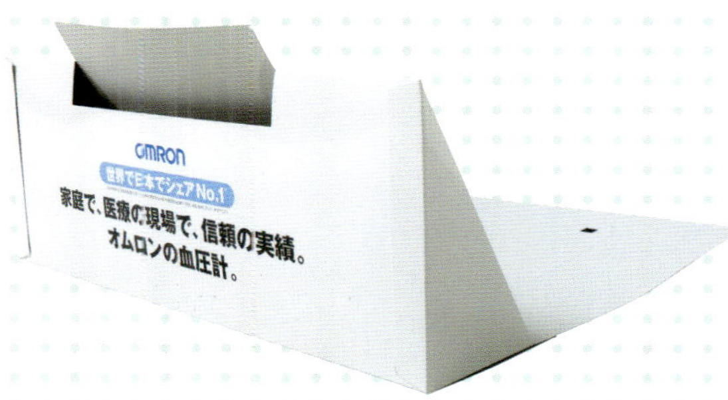

オムロンヘルスケア
A & P : 読売広告社
MATERIAL : 紙類
W 280 × H 200 × D 280

ゼブラ
MATERIAL : 発泡スチロール・紙類・鉄
W 381 × H 406 × D 324

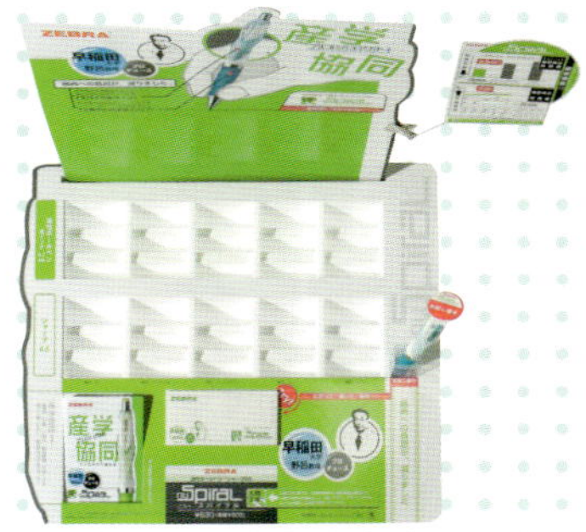

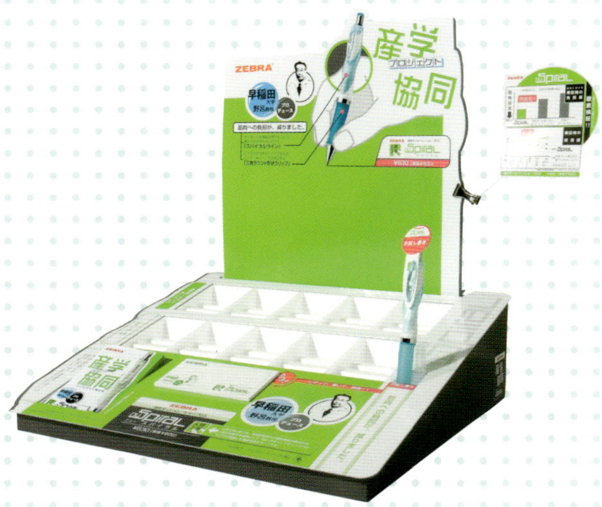

ゼブラ

MATERIAL : ポリスチレン樹脂・紙類
W 275 × H 470 × D 290

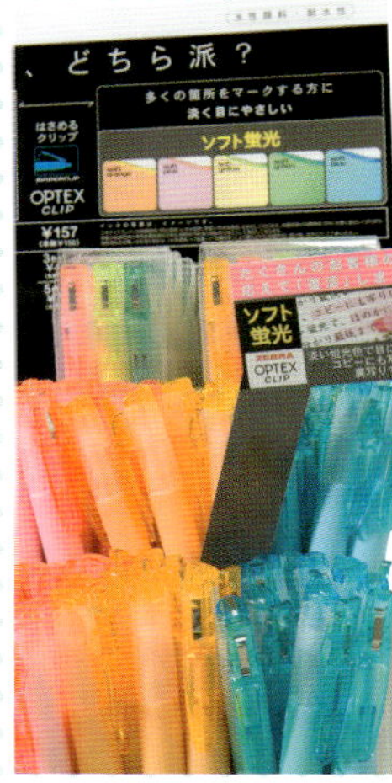

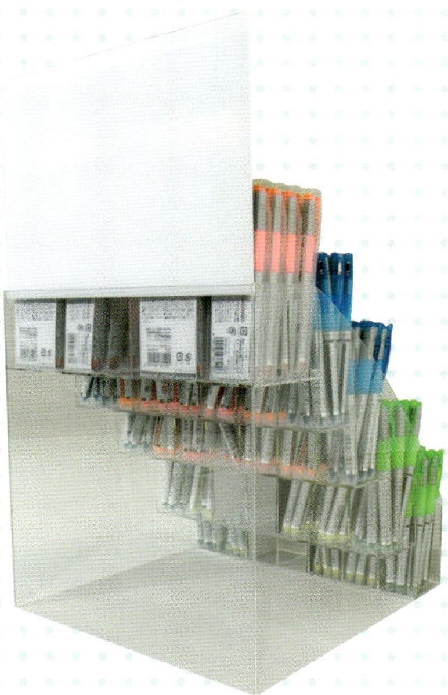

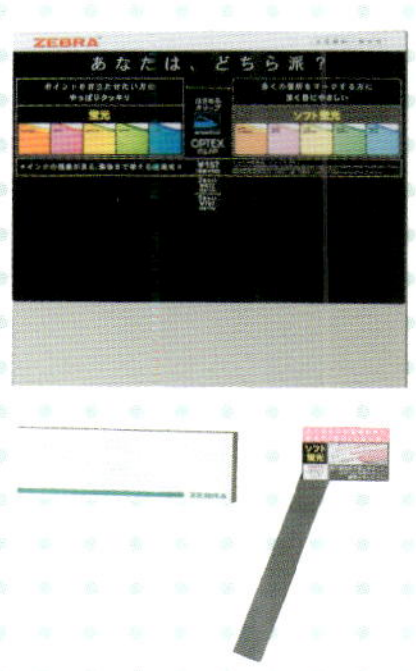

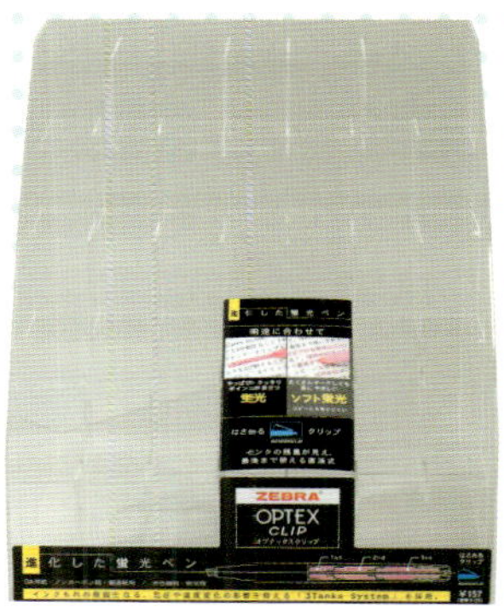

ゼブラ

MATERIAL：紙類・ポリスチレン樹脂
W 365 × H 420 × D 222

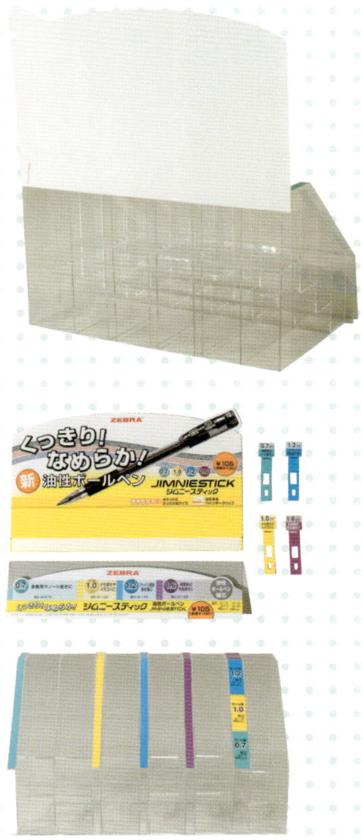

ゼブラ
MATERIAL : 紙類
W 190 × H 410 × D 160

三菱鉛筆
A & P : アイポイント
MATERIAL : 紙・スチール
W 292 × H 329 × D 178

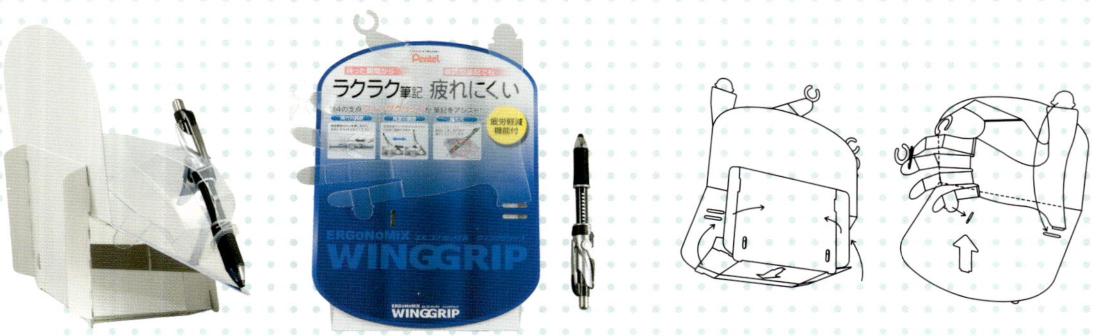

ぺんてる
A & P : 菅屋
MATERIAL : 紙類・PET
W 185 × H 170 × D 140

トンボ鉛筆

A & P : ディージー・アンド・アイベックス
MATERIAL : アクリル・ABS
W 170 × H 350 × D 290

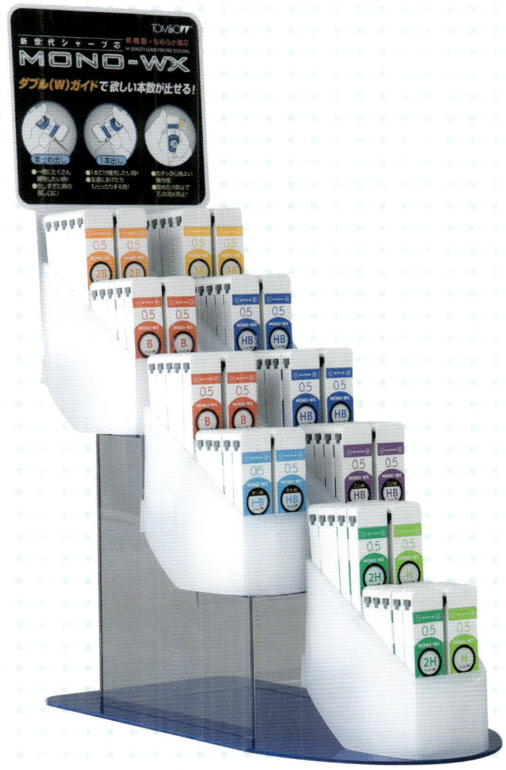

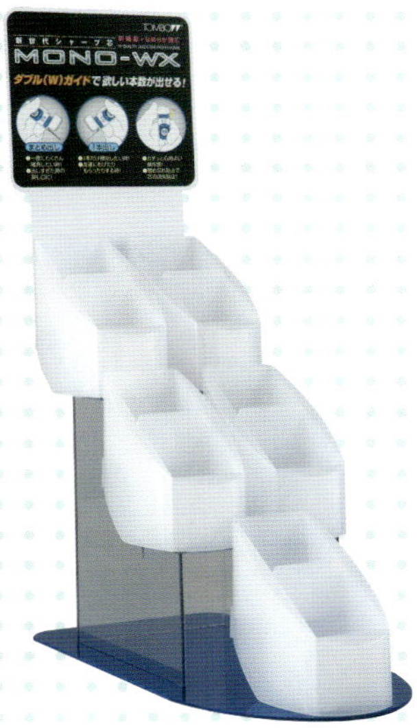

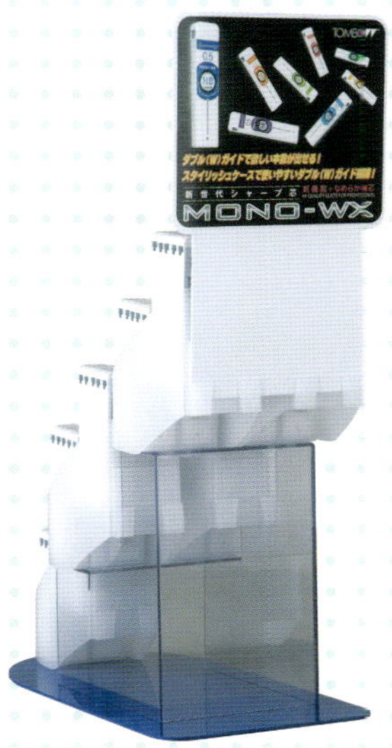

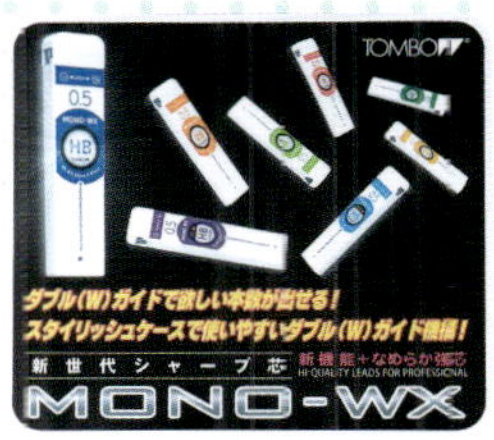

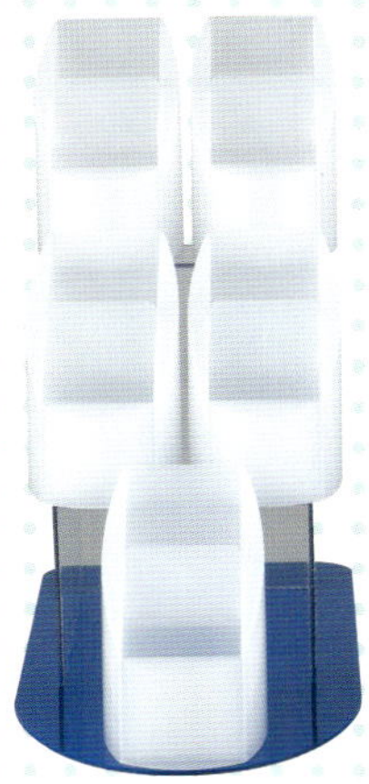

オンキヨー
A & P : 美工
MATERIAL : 塩化ビニール
W 300 × H 410 × D 255

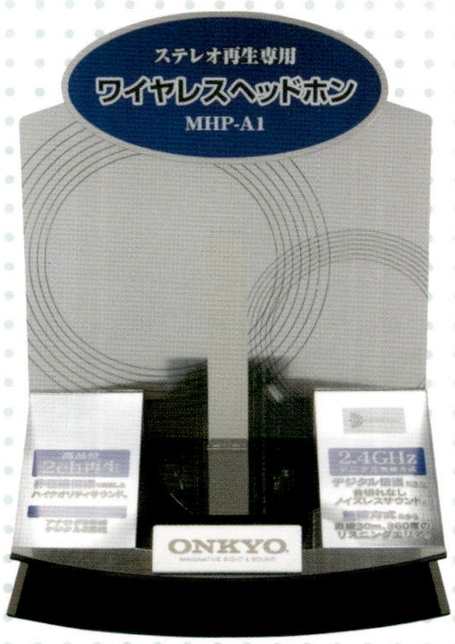

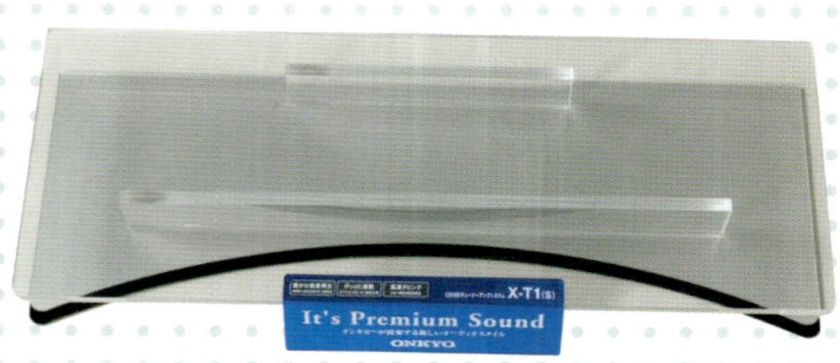

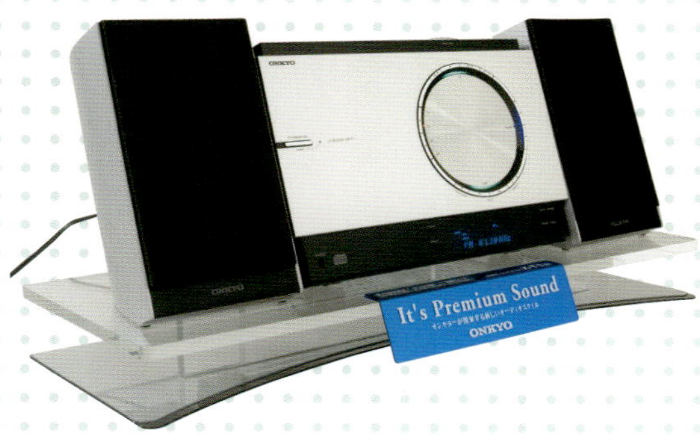

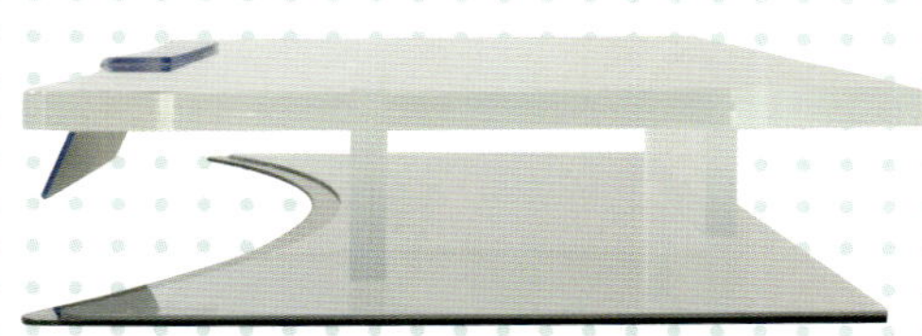

オンキヨー
A & P : 美工
MATERIAL : アクリル・塩化ビニール
W 548 × H 221 × D 222

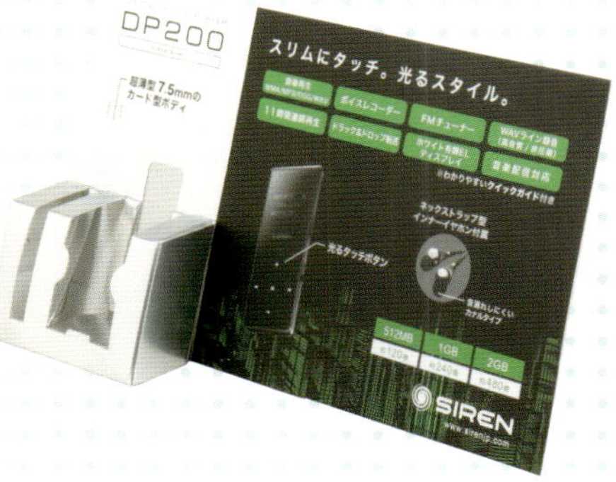

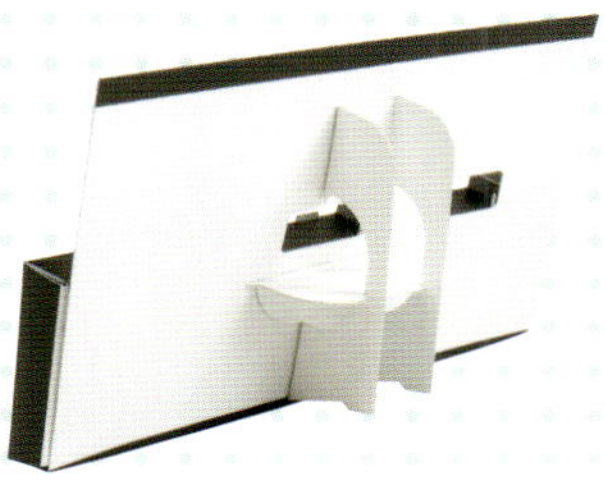

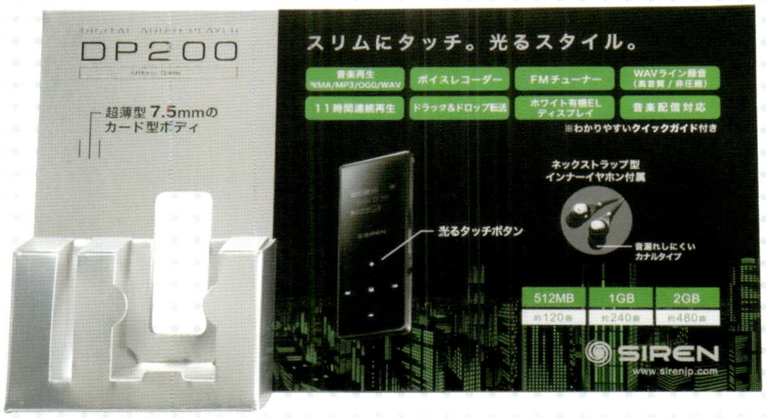

A-MAX Technology Japan
A & P : クリエイティブSP タケダ麹町支店
MATERIAL : 合紙
W 270 × H 140 × D 100

A-MAX Technology Japan
A & P : クリエイティブSP タケダ麹町支店
MATERIAL : 合紙
W 300 × H 155 × D 100

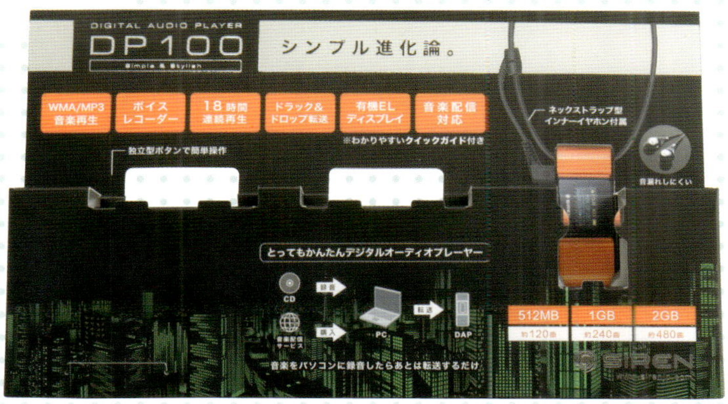

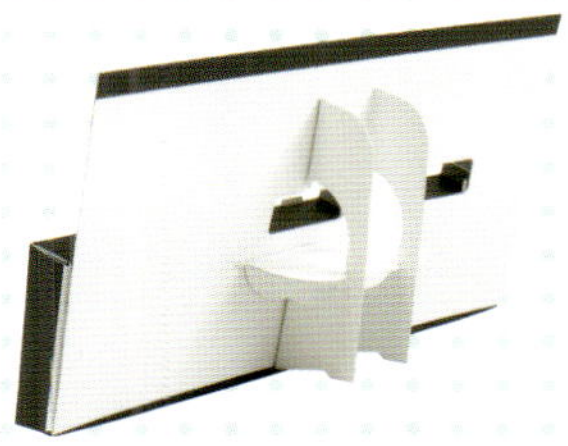

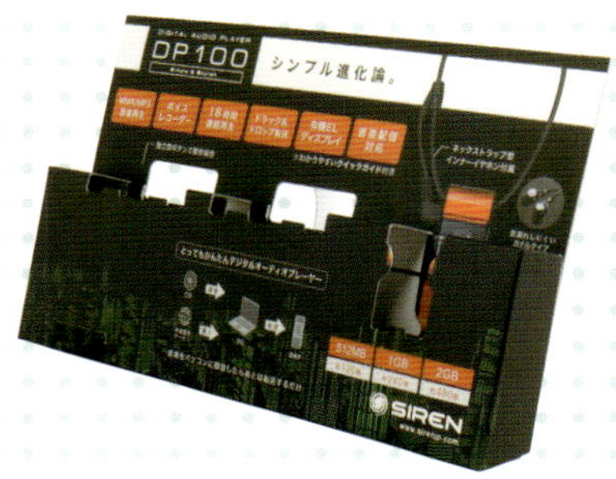

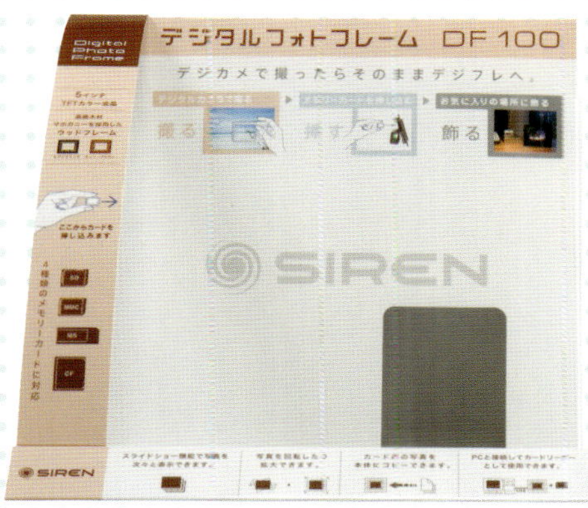

A-MAX Technology Japan
A & P : クリエイティブSP タケダ麹町支店
MATERIAL : 合紙
W 255 × H 220 × D 160

ユニリーバ・ジャパン
MATERIAL : 紙類

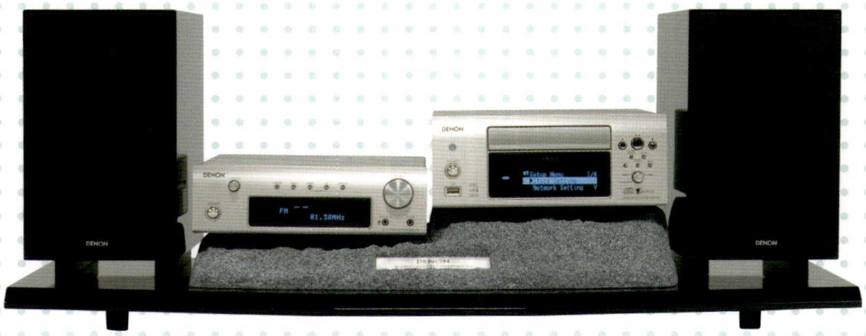

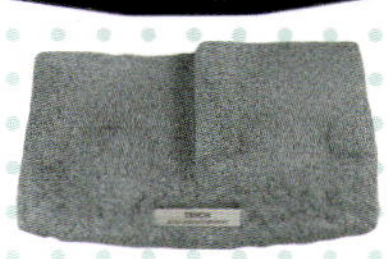

デノン コンシューマー マーケティング
MATERIAL : プラスチック・ポリスチレン樹脂・木
W 900 × H 350 × D 350

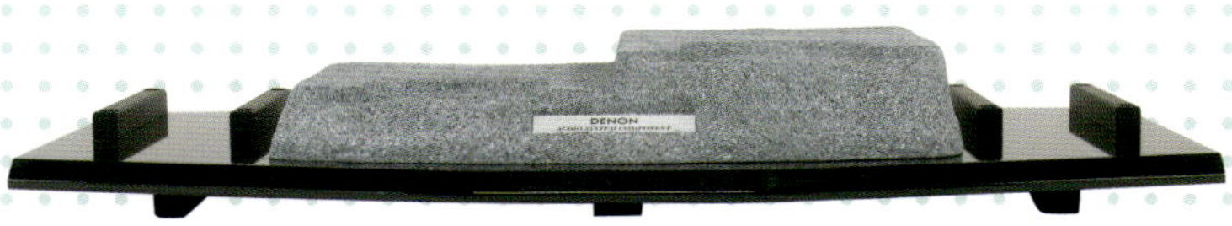

デノン コンシューマー マーケティング
MATERIAL : アクリル・プラスチック・木
W 900 × H 350 × D 350

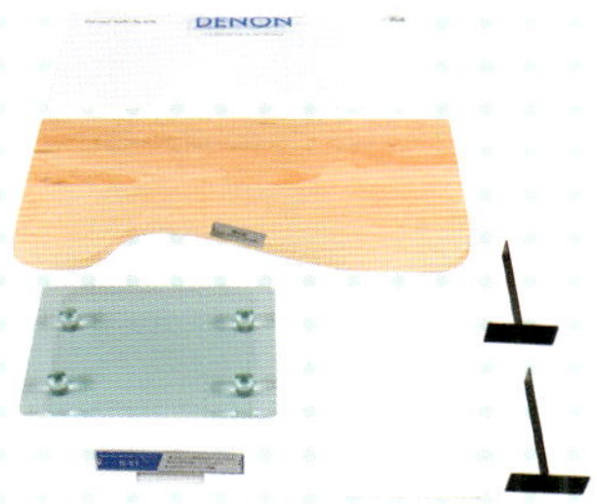

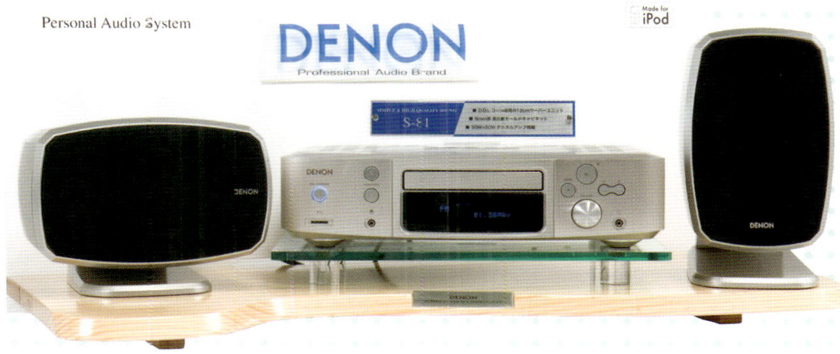

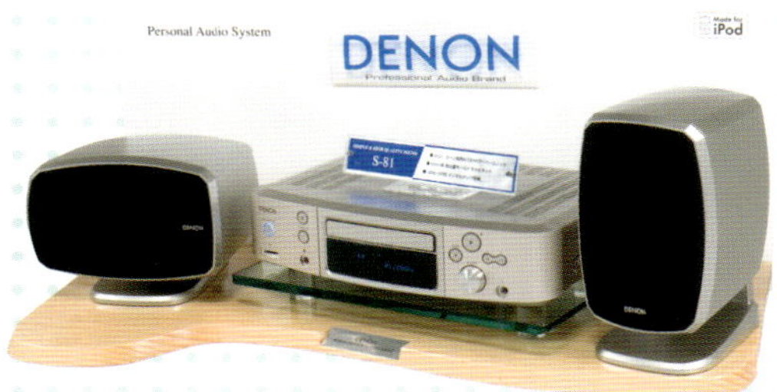

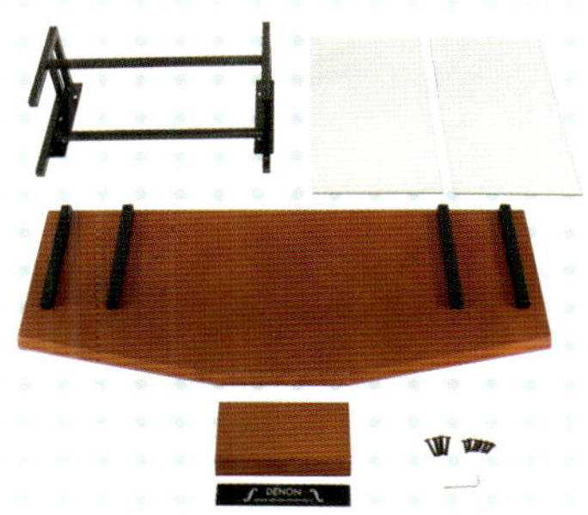

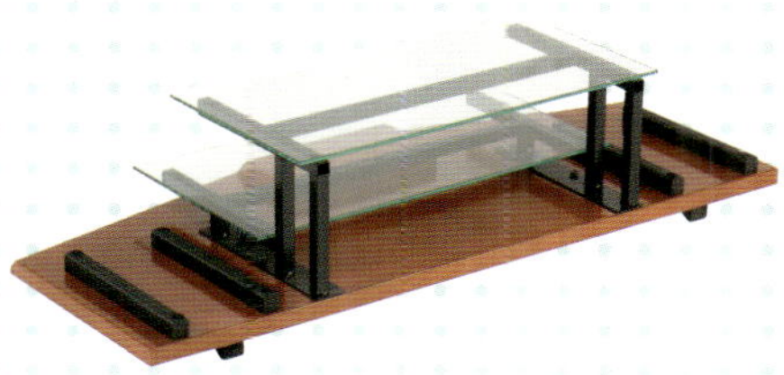

デノン コンシューマー マーケティング
MATERIAL : プラスチック・木・鉄・ガラス材
W 900 × H 350 × D 350

ペンタックス

A & P : トスマック
MATERIAL : 紙類・PS
W 300 × H 240 × D 200

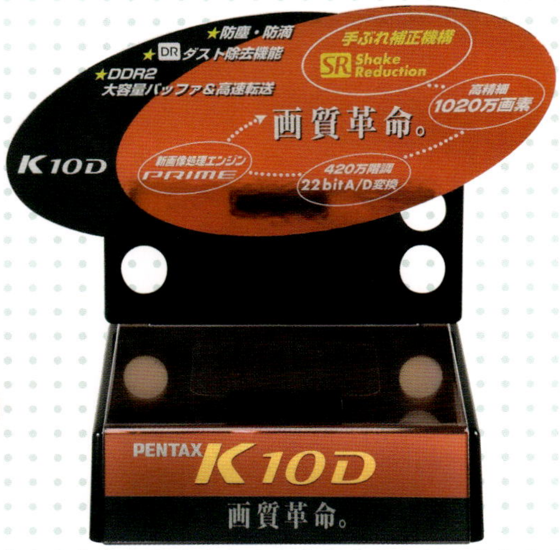

ペンタックス
A & P : トスマック
MATERIAL : 紙類
W 105 × H 220 × D 100

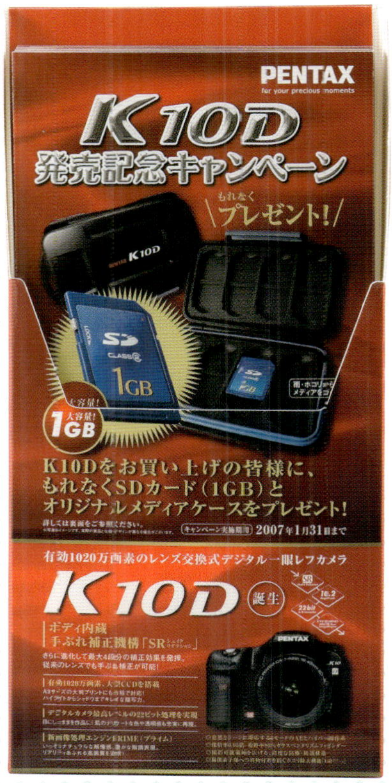

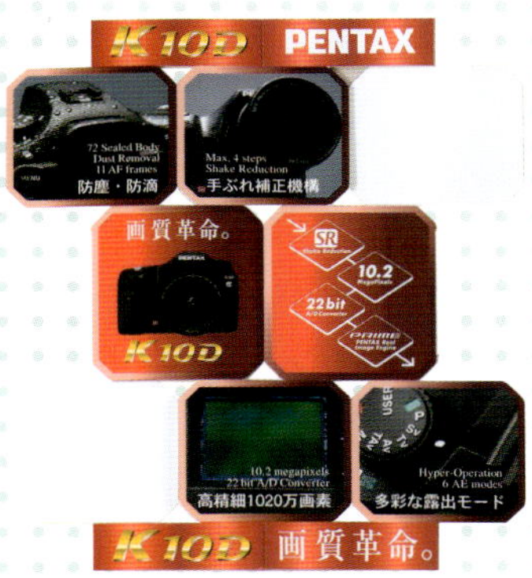

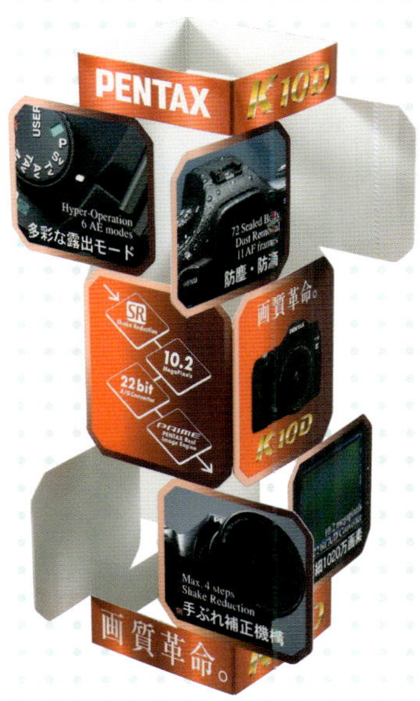

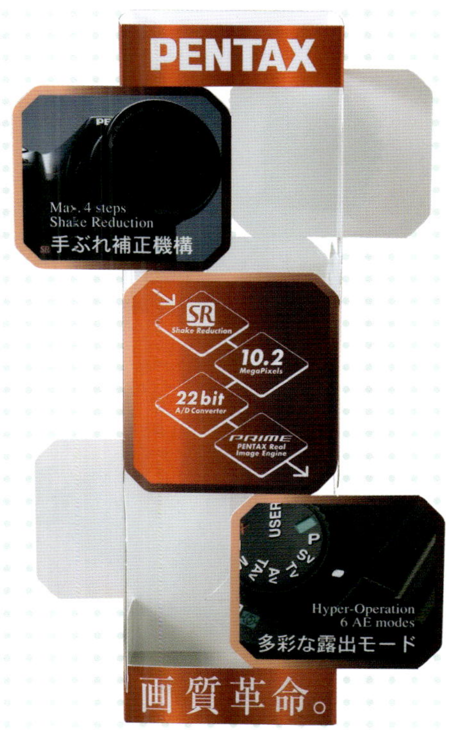

ペンタックス
A & P : トスマック
MATERIAL : 紙類
W 155 × H 260 × D 155

キヤノンマーケティングジャパン
W 160 × H 240 × D 125

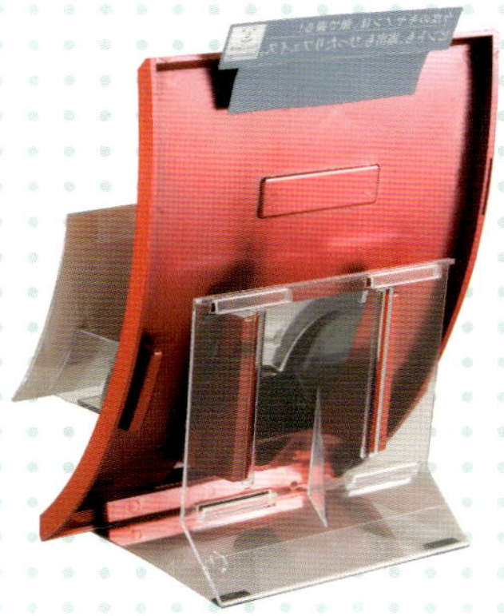

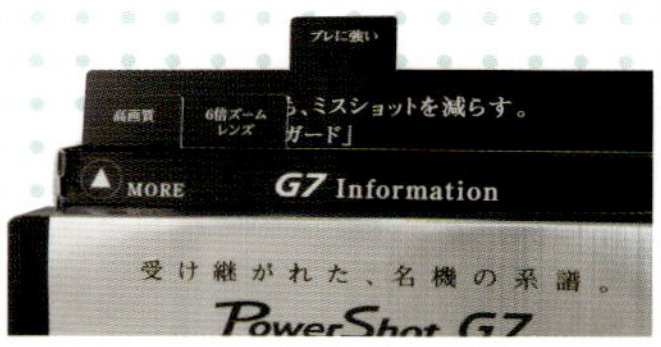

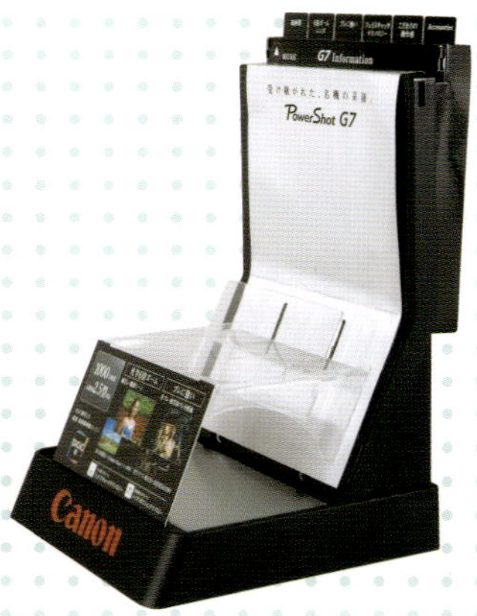

キヤノンマーケティングジャパン
W 155 × H 250 × D 170

キヤノンマーケティングジャパン
W 280 × H 320 × D 200

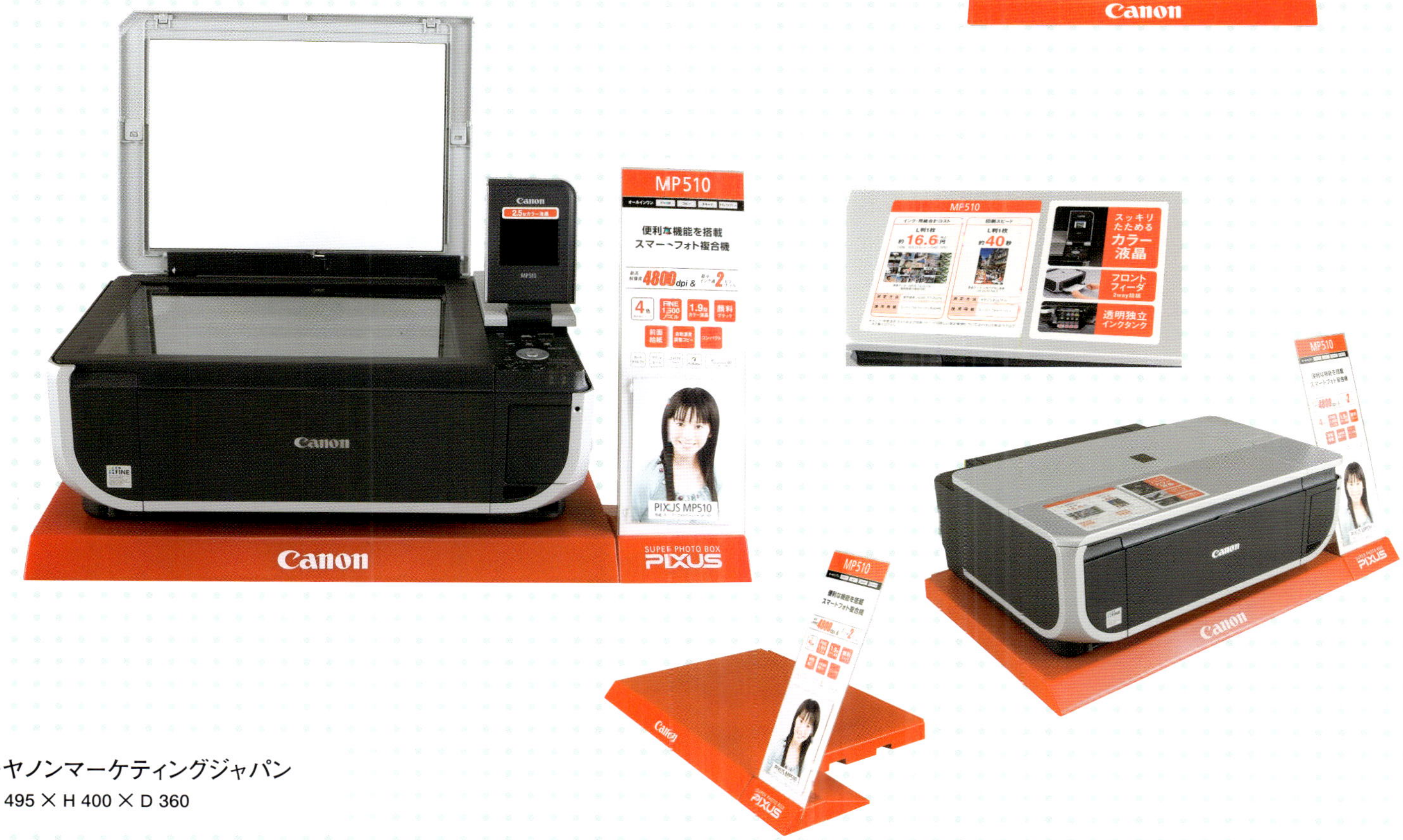

キヤノンマーケティングジャパン
W 495 × H 400 × D 360

カシオ計算機
A & P : ベストプロジェクト
MATERIAL : PET・アクリル
W 300 × H 220 × D 170

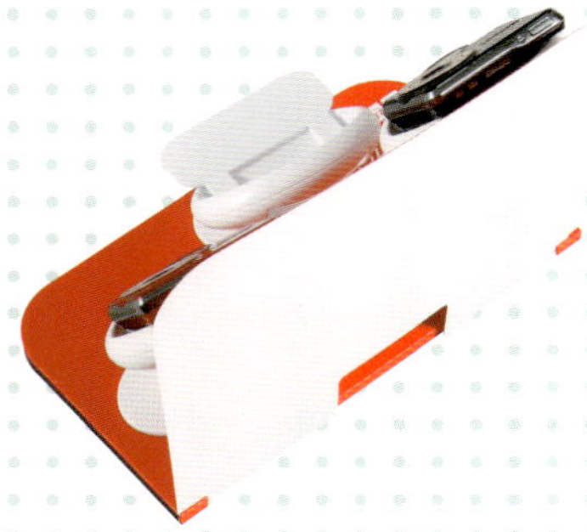

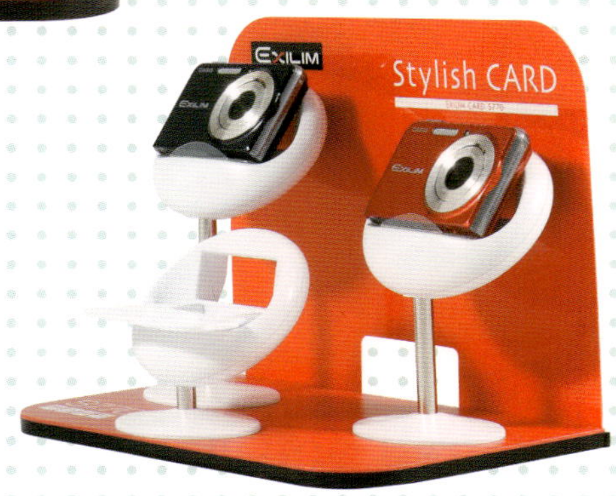

カシオ計算機
A & P : ファースト
MATERIAL : PET・アクリル
W 170 × H 240 × D 120

カシオ計算機

A & P : ベストプロジェクト
MATERIAL : PET・アクリル
W 100 × H 200 × D 120

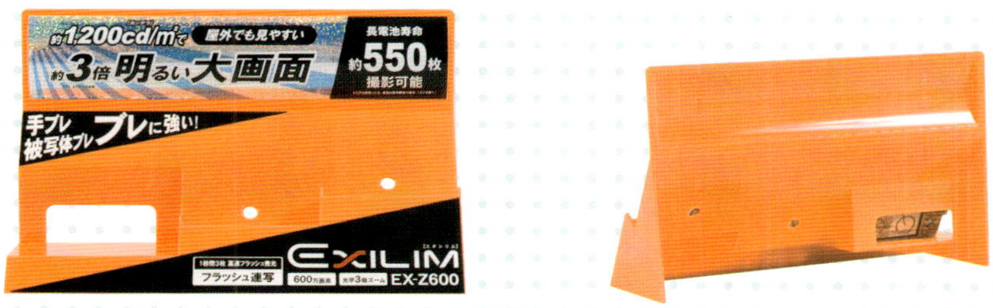

カシオ計算機

A & P : ベストプロジェクト
MATERIAL : PET・アクリル
W 320 × H 200 × D 120

ブエナビスタホームエンターテイメント

A & P : 図書印刷
MATERIAL : 紙類

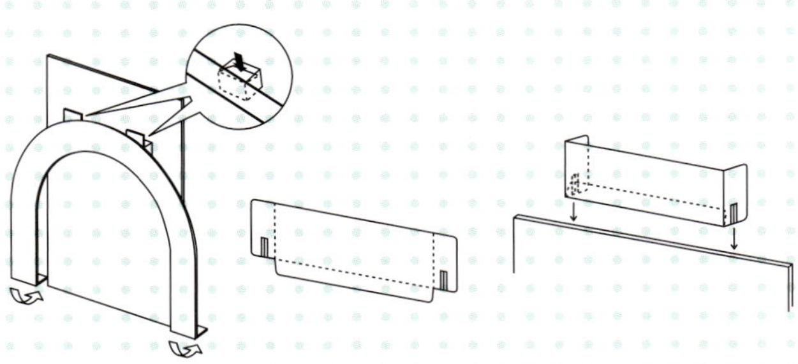

ブエナビスタホームエンターテイメント
A & P : 図書印刷
MATERIAL : 紙類
W 297 × H 210 × D 80

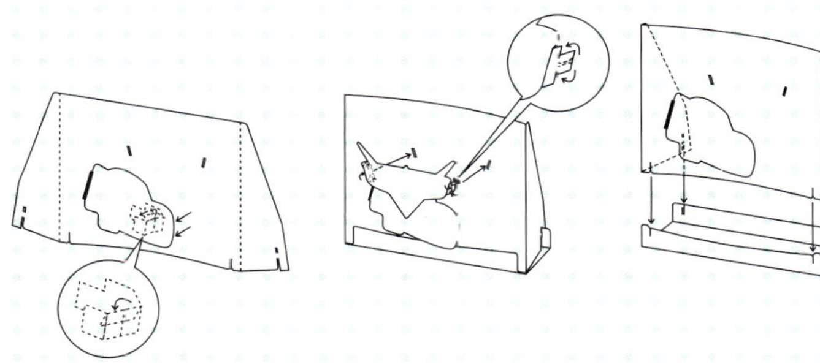

ブエナビスタホームエンターテイメント
MATERIAL : 紙類

アミューズソフトエンタテインメント
MATERIAL : 紙類
W 130 × H 185 × D 50

アミューズソフトエンタテインメント
MATERIAL : 紙類
W 280 × H 125 × D 45

アミューズソフトエンタテインメント
MATERIAL : 紙類
W 300 × H 220 × D 60

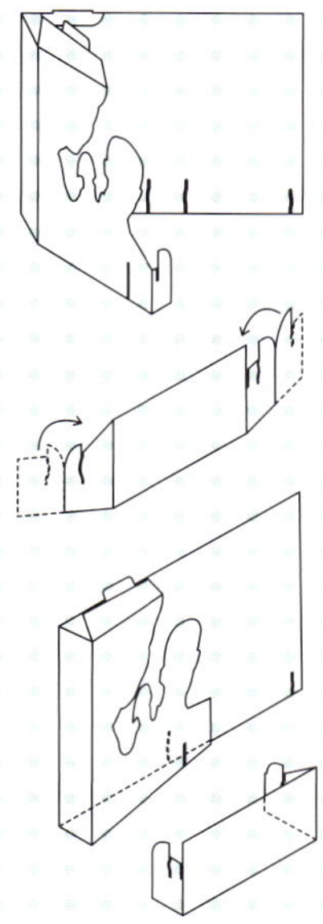

アミューズソフトエンタテインメント
MATERIAL : 紙類
W 210 × H 145 × D 50

WOWOW
A & P : 電通
MATERIAL : 紙類・アクリル
W 120 × H 330 × D 135

WOWOW
A & P : アイプラネット
MATERIAL : ポリプロピレン
W 75 × H 230 × D 40

WOWOW
A & P : スタッフコミュニケイション
MATERIAL : 紙類
W 100 × H 200 × D 150

WOWOW
A & P : スタッフコミュニケイション
MATERIAL : 紙類
W 220 × H 365 × D 160

WOWOW
A & P : アイプラネット
MATERIAL : 紙類
W 100 × H 215 × D 80

キヤノンマーケティングジャパン
A & P : 電通 / ブラン
MATERIAL : 紙類

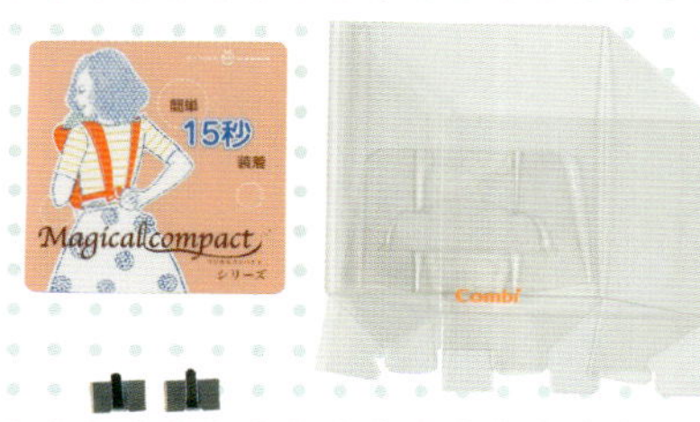

コンビ
A & P : 自社 / アド・キャブレター
MATERIAL : 紙類・プラスチック

エクシング
A & P : T.P.C
MATERIAL : 合紙
W 120 × H 150 × D 120

キヤノンマーケティングジャパン
A & P : 電通 / ブラン
MATERIAL : 紙類
W 128 × H 182

キヤノンマーケティングジャパン
A & P : 電通 / ブラン
MATERIAL : 紙類
W 186 × H 186 × D 18

日立製作所
A & P : 日立ハイプラン
MATERIAL : 紙類
W 70 × H 140 × D 150

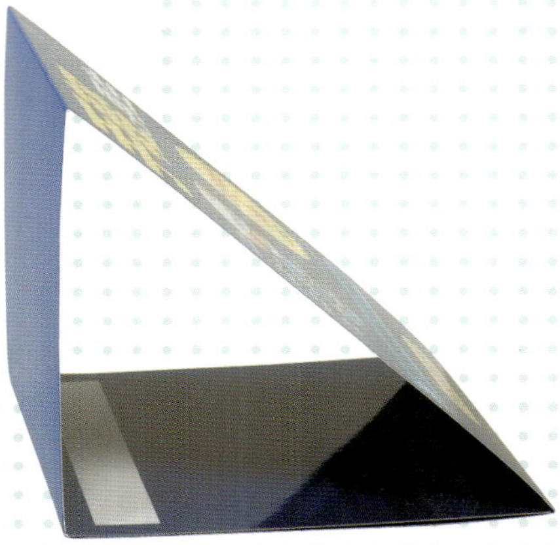

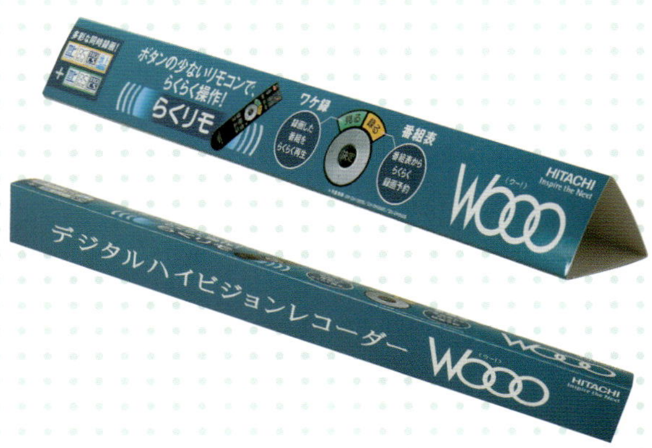

日立製作所
A & P : 日立ハイプラン
MATERIAL : 紙類
W 420 × H 50 × D 60

エクシング
A & P : T.P.C
MATERIAL : 紙類
W 110 × H 150 × D 150

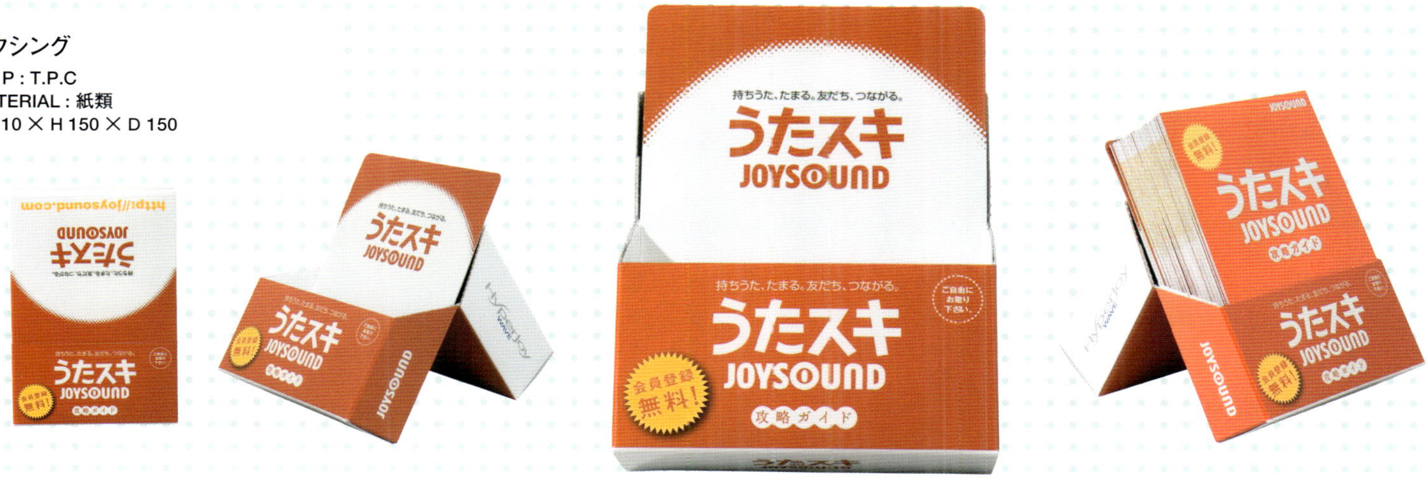

エクシング
A & P : T.P.C
MATERIAL : 紙類
W 100 × H 130 × D 120

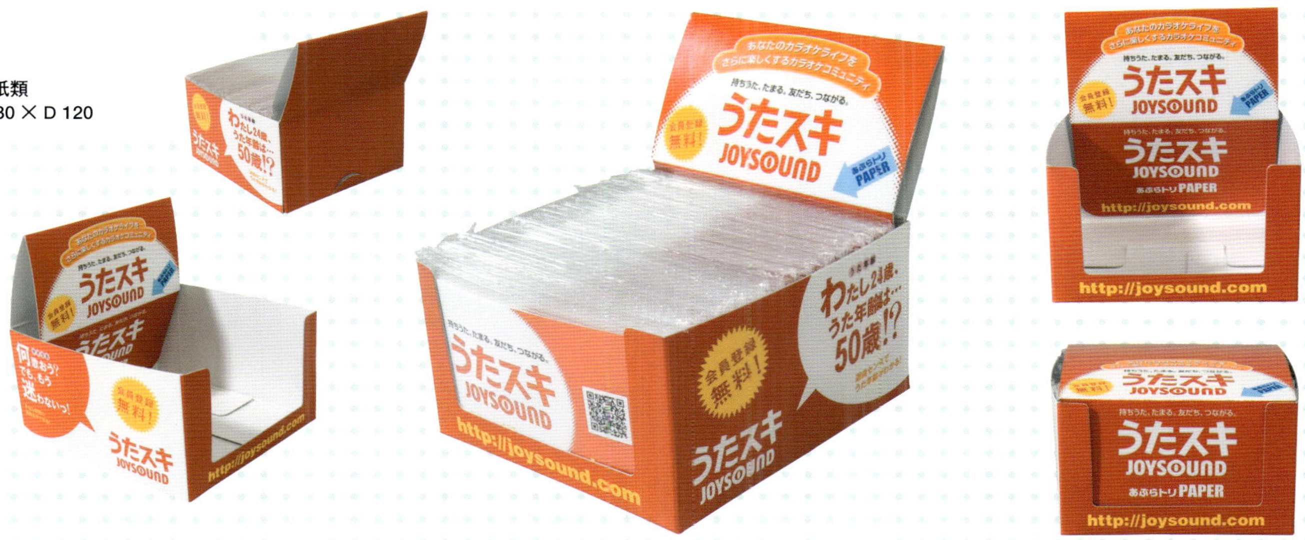

NECライティング
A & P : アルファ企画
MATERIAL : ボール紙
W 215 × H 235 × D 30

東芝
A & P : エイム
MATERIAL : 合紙・アクリル
W 300 × H 300 × D 300

ソースネクスト
MATERIAL : 紙類

KDDI
A & P : 電通 / プラン
MATERIAL : 紙類・アクリル
W 90 × H 180 × D 68

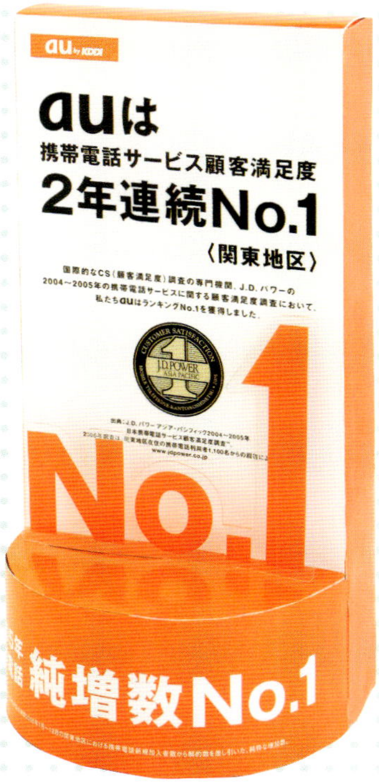

エスビー食品

エスビー食品

コンビ
A & P : 自社 / 小倉商会
MATERIAL : 紙類

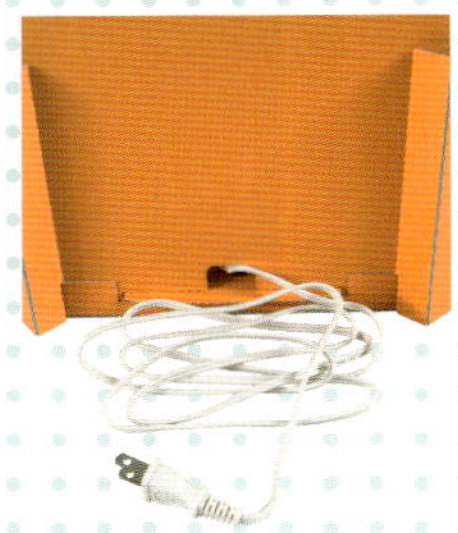

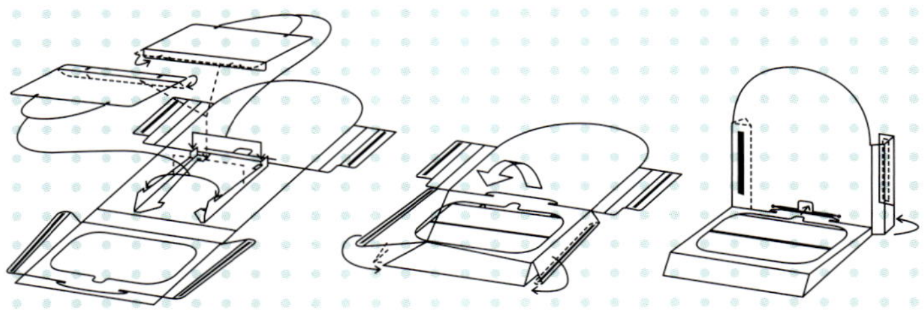

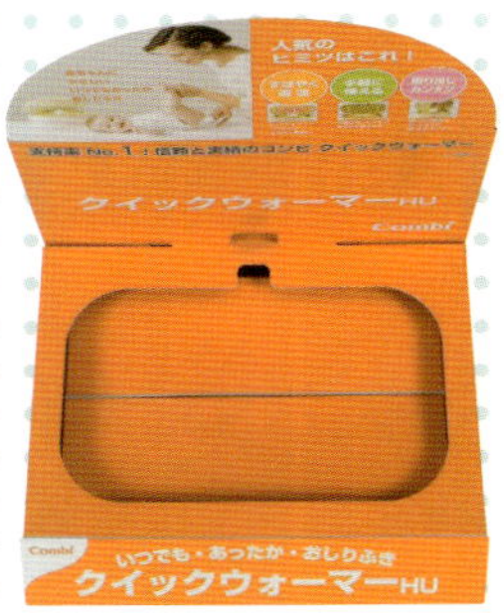

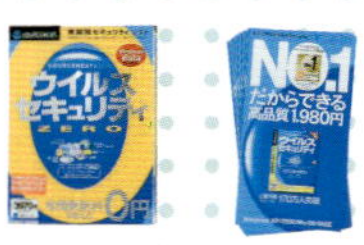

ソースネクスト
MATERIAL : 紙類・アクリル
W 420 × H 560 × D 425

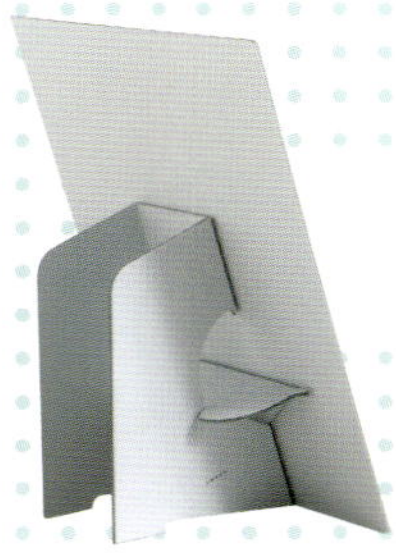

ソースネクスト
MATERIAL : 紙類

エスビー食品

A & P : レンゴー
MATERIAL : 紙類・合紙
W 860 × H 586 × D 130

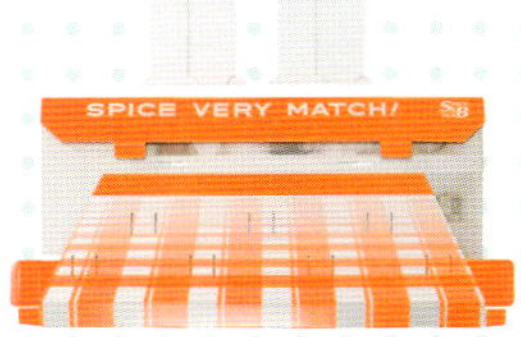

松下電器産業

A & P : スコープ・インターナショナル
MATERIAL : 紙類・PET・金属・ABS樹脂
W 900 × H 305 × D 255

ブラザー販売

MATERIAL : 紙類

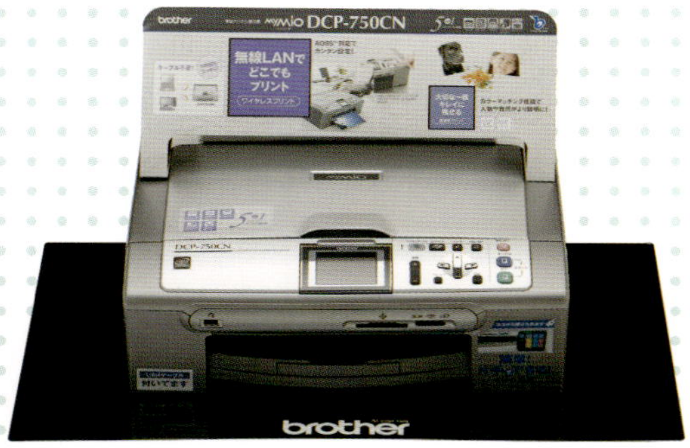

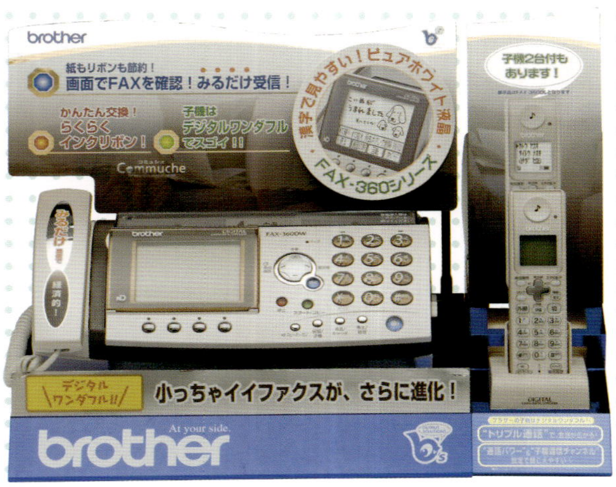

象印マホービン

A & P : 凸版印刷
MATERIAL : 紙類・合紙・PET
W 250 × H 330 × D 250

フェザー安全剃刀
A & P : ベストプロジェクト
MATERIAL : 紙類
W 300 × H 420 × D 160

日立製作所
A & P : 日立ハイプラン
MATERIAL : プラスチック
W 60 × H 180 × D 40〜120

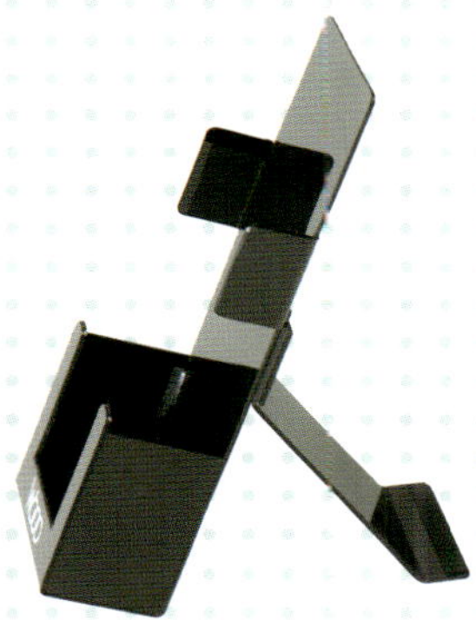

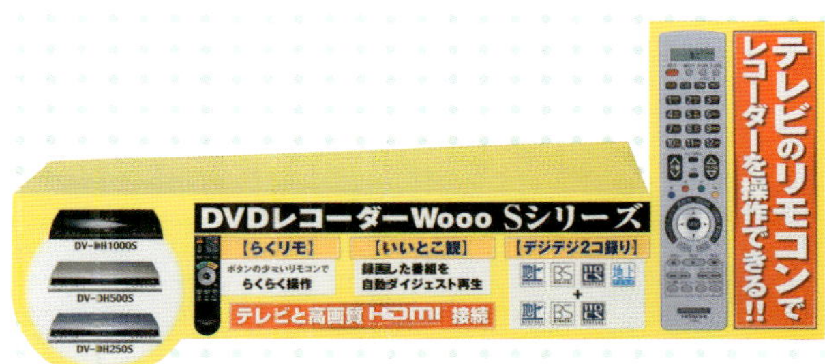

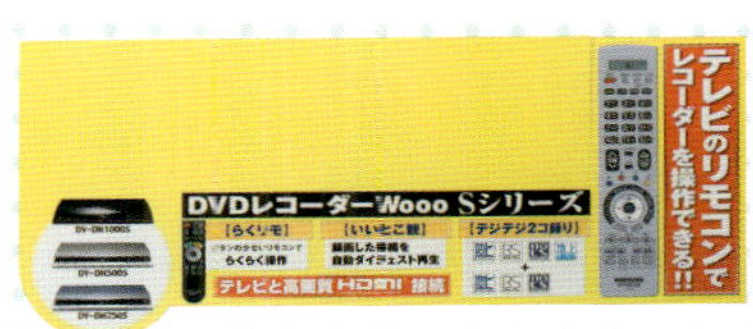

日立製作所
A & P : 日立ハイプラン
MATERIAL : 紙類
W 550 × H 200 × D 130

アップリカ葛西
A & P : 東京吉岡
MATERIAL : 紙類
W 600 × H 440 × D 350

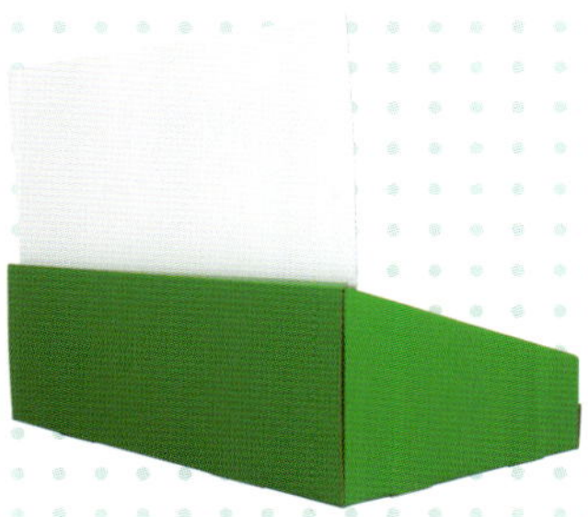

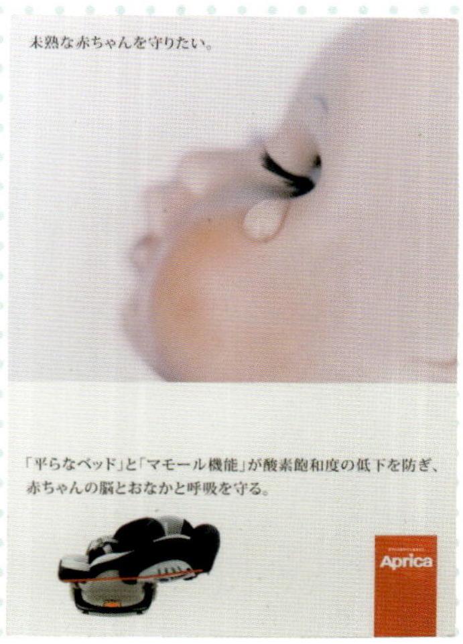

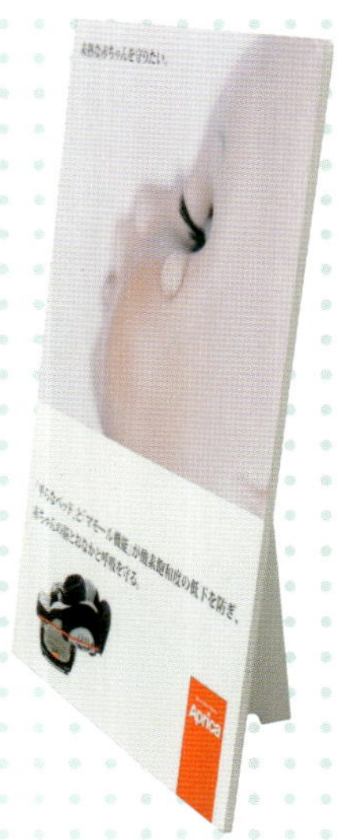

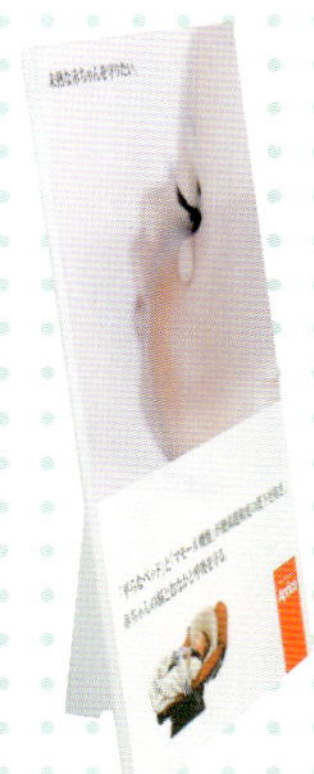

アップリカ葛西
A & P : 光進
MATERIAL : 紙類
W 420 × H 600 × D 140

アップリカ葛西
A & P : 光進
MATERIAL : 紙類
W 300 × H 420 × D 80

ドトールコーヒー
A & P : 中央工芸企画
MATERIAL : 紙類
W 146 × H 360 × D 154

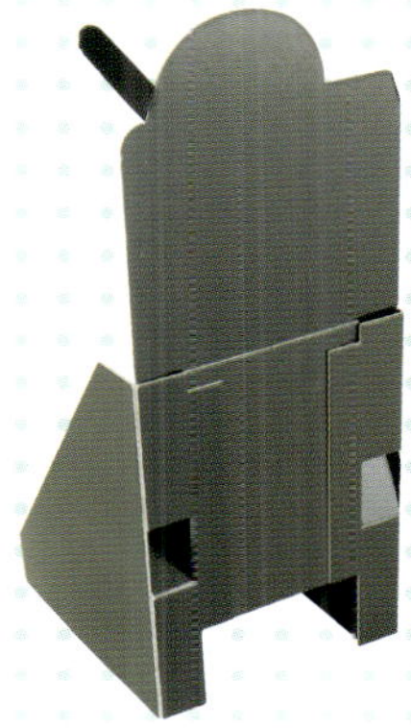

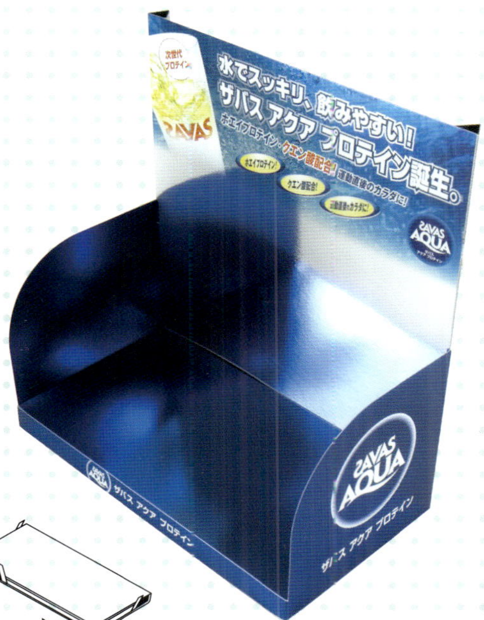

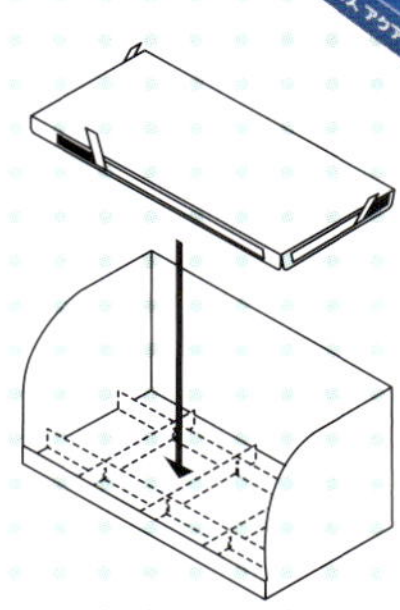

明治製菓
A & P : ニットー
MATERIAL : 紙類
W 450 × H 550 × D 240

アース製薬
A & P : 電通
MATERIAL : 紙類・合紙
W 700 × H 400 × D 200

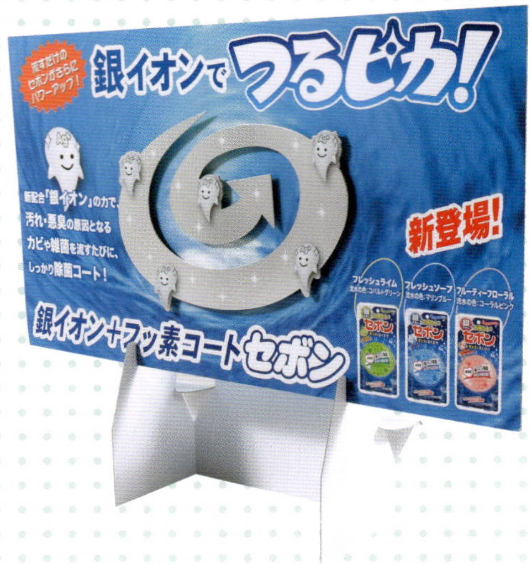

アース製薬
A & P : 電通
MATERIAL : 紙類・合紙
W 600 × H 400 × D 200

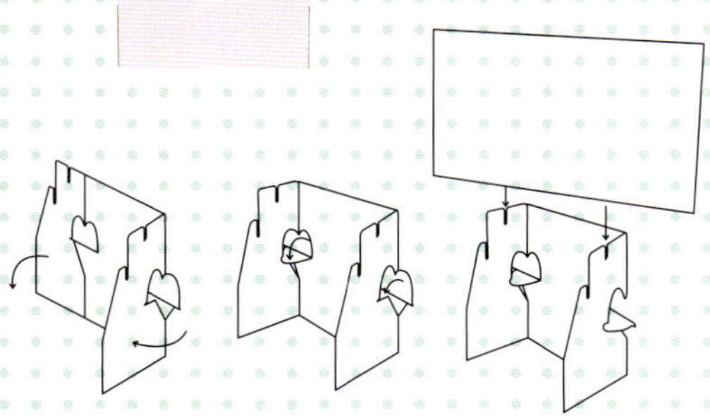

アース製薬
A & P : 電通
MATERIAL : 紙類・合紙
W 700 × H 400 × D 200

ユニリーバ・ジャパン
MATERIAL : 紙類
W 350 × H 260 × D 90

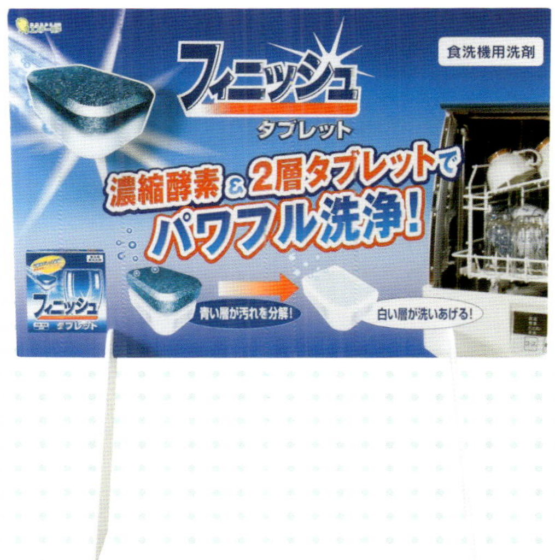

エステー化学
A & P : フィード
MATERIAL : 紙類・他

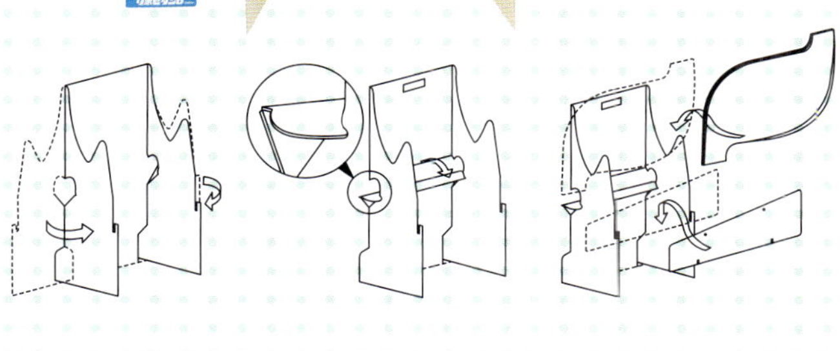

大正製薬
A & P : 大日本印刷
MATERIAL : 紙類・塩化ビニール
W 690 × H 800 × D 235

日本ケロッグ
A & P : 味の素コミュニケーションズ
MATERIAL : 紙類
W 720 × H 510 × D 160

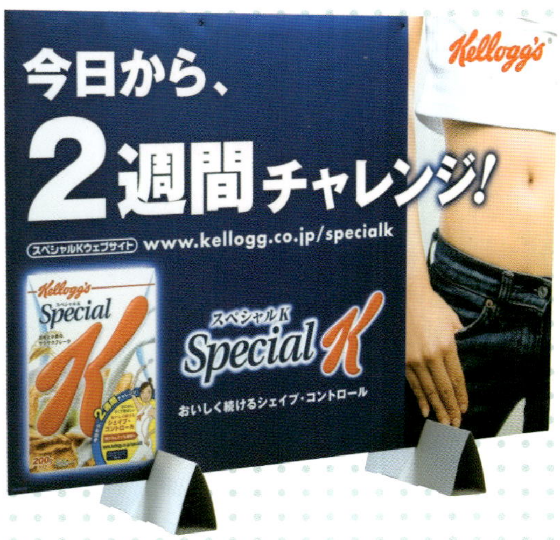

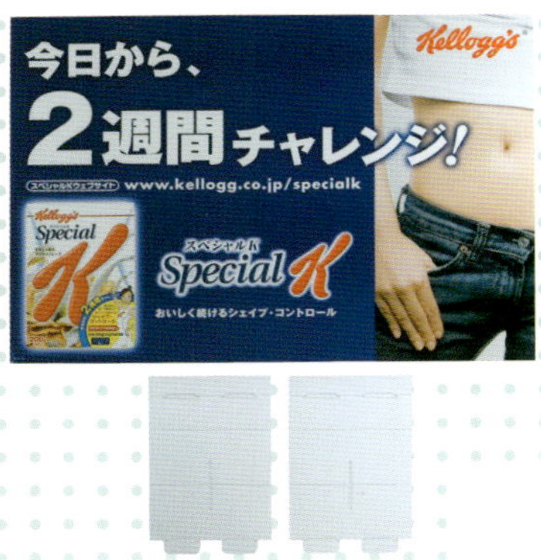

日本ケロッグ
A & P : 味の素コミュニケーションズ
MATERIAL : 紙類
W 720 × H 510 × D 160

日本ケロッグ
A & P : 味の素コミュニケーションズ
MATERIAL : 紙類
W 720 × H 510 × D 160

日本ケロッグ
A & P : 味の素コミュニケーションズ
MATERIAL : 紙類
W 720 × H 510 × D 160

日本ケロッグ
A & P : 味の素コミュニケーションズ
MATERIAL : アクリル
W 210 × H 240 × D 140

江崎グリコ
A & P : 大日本印刷
MATERIAL : 紙類
W 450× H 225 × D 55

江崎グリコ
A & P : ファースト
MATERIAL : 紙類・PET
W 275× H 220 × D 200

江崎グリコ
A & P : ファースト
MATERIAL : 紙類・合紙
W 380× H 695 × D 100

江崎グリコ
A & P : 大日本印刷
MATERIAL : 紙類
W 900× H 600 × D 50

エースコック
A & P : ヤラカス舘
MATERIAL : (紙類)コートボール
W 260 × H 300 × D 260

ホールアース（デサント）
A & P : ブルドック
MATERIAL : 紙類
W 200 × H 50 × D 105

ホールアース（デサント）
A & P : ブルドック
MATERIAL : 紙類
W 180 × H 255 × D 80

第一興商
MATERIAL : 紙類
W 150 × H 620 × D 70

第一興商
MATERIAL : 紙類
W 110 × H 210 × D 110

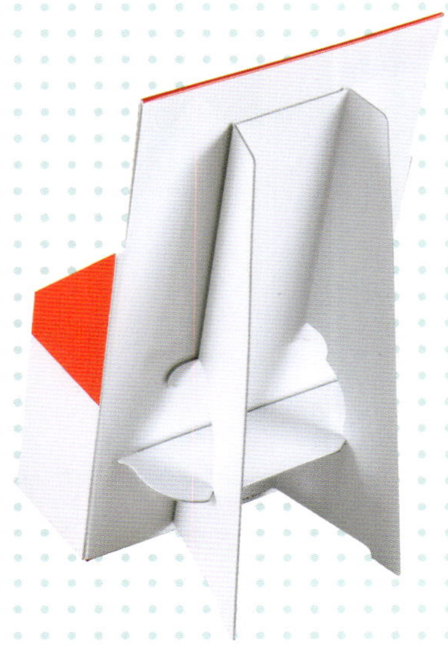

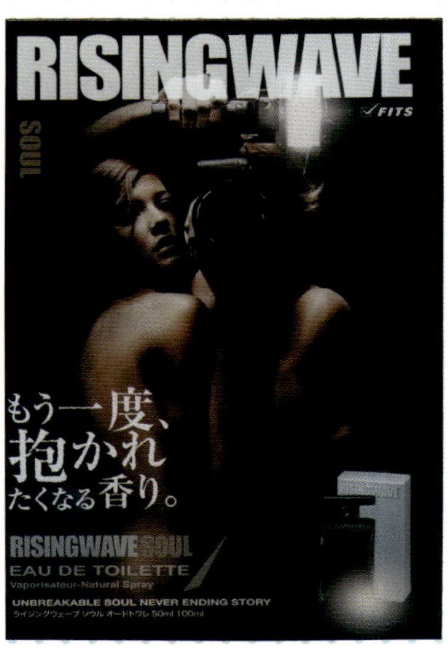

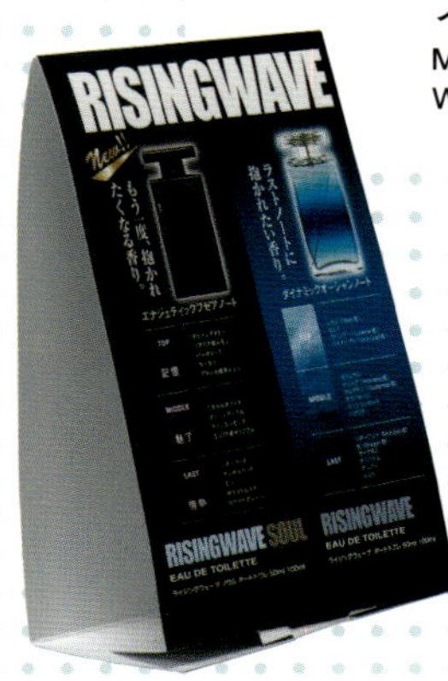

フィッツコーポレーション
MATERIAL : 紙類
W 100 × H 147 × D 50

第一興商
MATERIAL : 紙類
W 210 × H 140 × D 100

フィッツコーポレーション
MATERIAL : 紙類
W 107 × H 170 × D 50

フィッツコーポレーション
MATERIAL : 紙類
W 150 × H 189 × D 83

フィッツコーポレーション
MATERIAL : 紙類・アクリル
W 297 × H 250 × D 92

フィッツコーポレーション
MATERIAL：紙類
W 130 × H 190 × D 120

フィッツコーポレーション
MATERIAL : 紙類
W 222 × H 200 × D 100

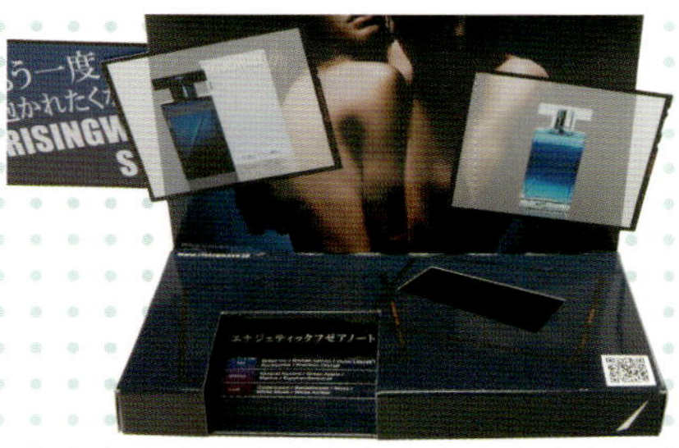

フィッツコーポレーション
MATERIAL : 紙類
W 201 × H 190 × D 100

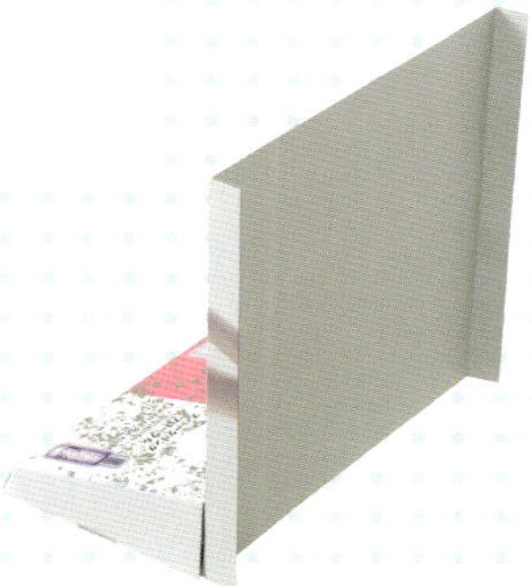

フィッツコーポレーション
MATERIAL : 紙類
W 170 × H 190 × D 102

フィッツコーポレーション
MATERIAL：紙類
W 338 × H 314 × D 310

フィッツコーポレーション
MATERIAL : 紙類
W 417 × H 296 × D 75

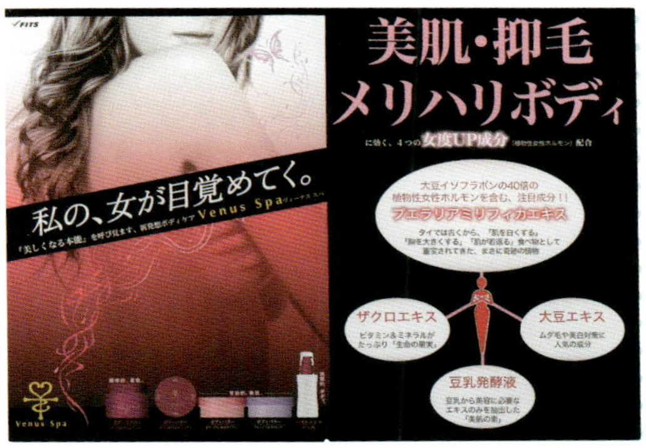

フィッツコーポレーション
MATERIAL : 紙類
W 181 × H 257 × D 62

SPRジャパン
A & P : 自社 / イトーキ
MATERIAL : 紙類
W 100 × H 167 × D 126

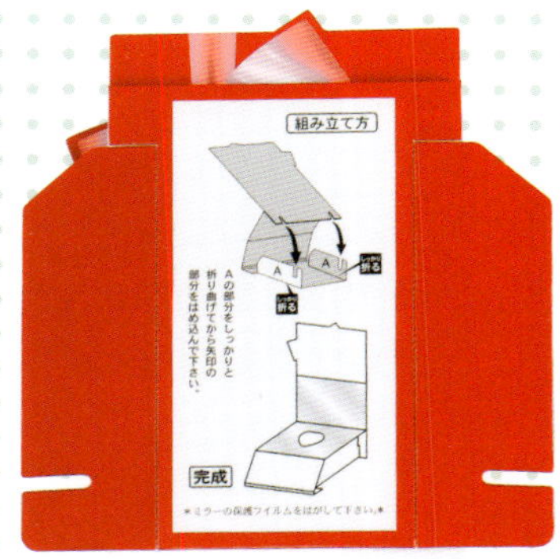

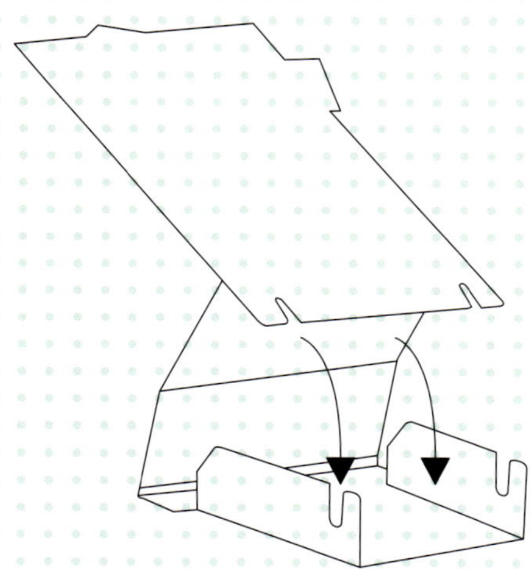

SPRジャパン
A & P : 自社 / イトーキ
MATERIAL : 紙類
W 100 × H 167 × D 126

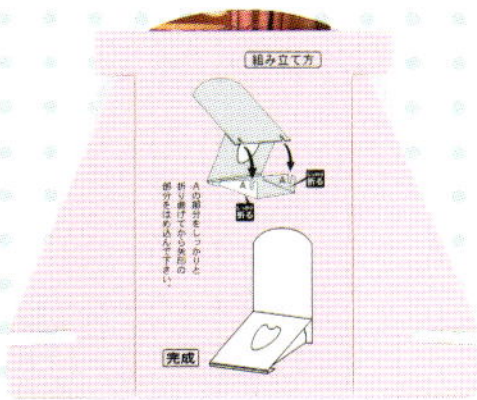

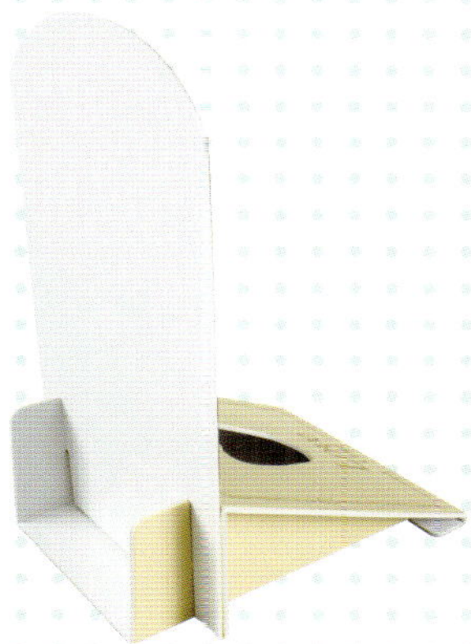

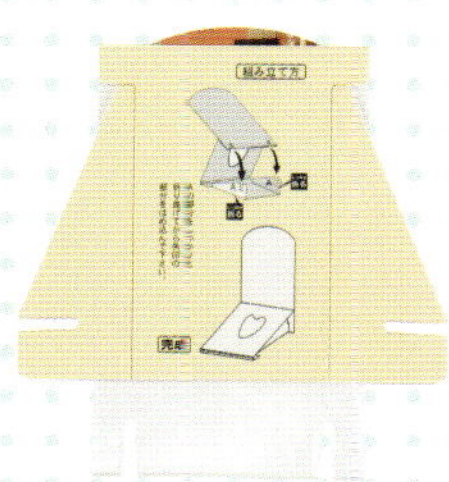

SPRジャパン
A & P : 自社 / イトーキ
MATERIAL : 紙類
W 100 × H 167 × D 126

貝印
MATERIAL : 紙類
W 200 × H 210 × D 170

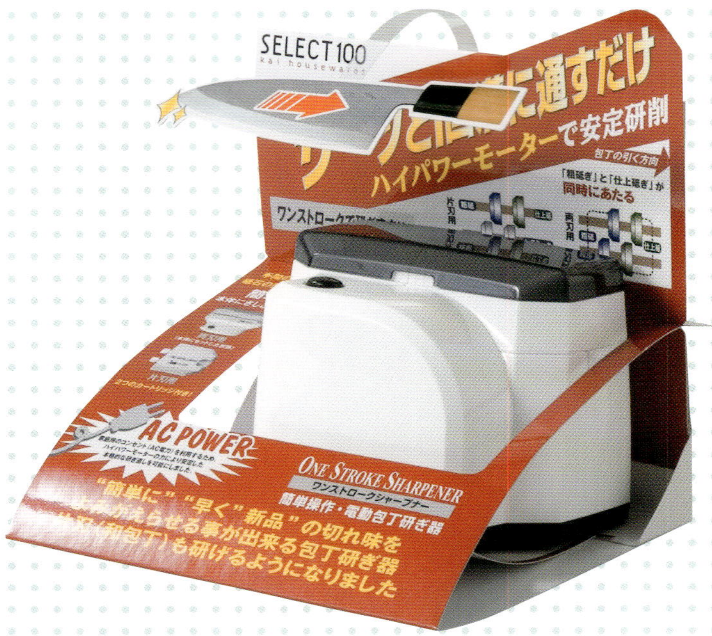

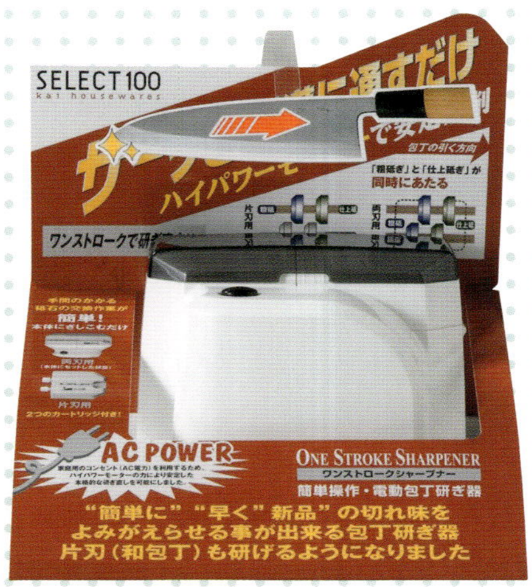

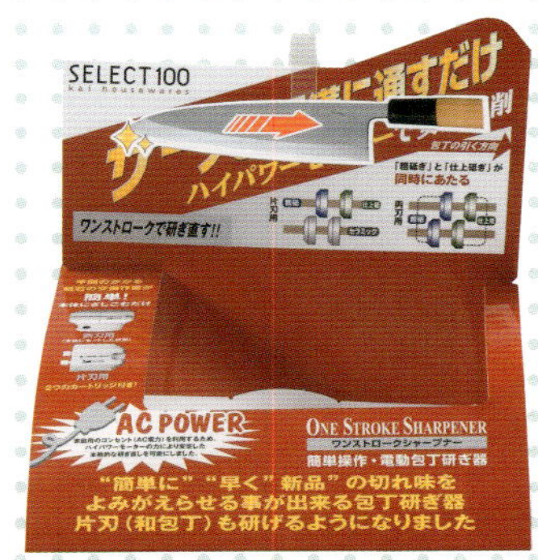

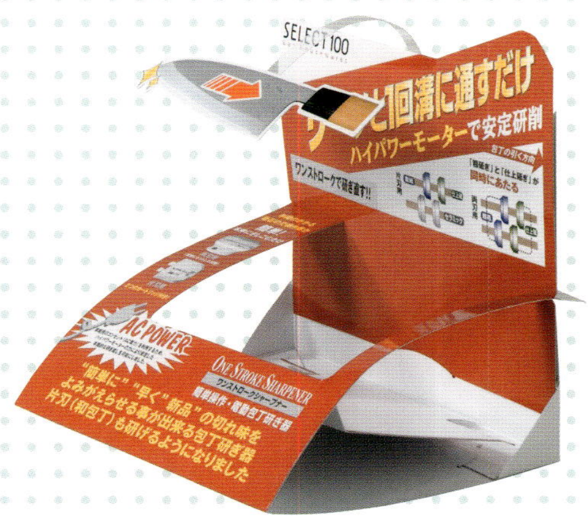

貝印
MATERIAL : 紙類
W 360 × H 350 × D 260

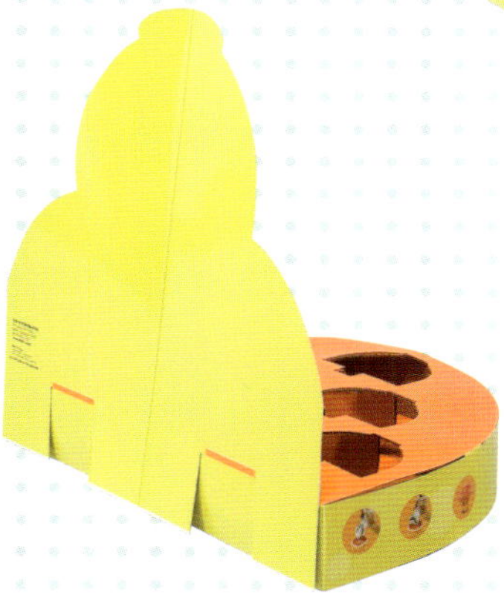

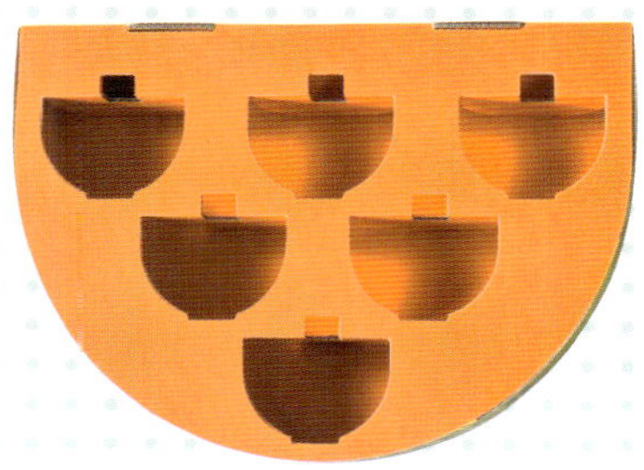

貝印
MATERIAL : 紙類
W 240 × H 290 × D 150

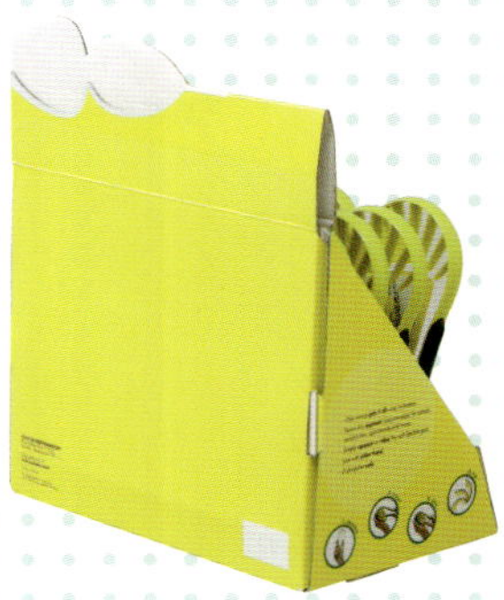

貝印
W 400 × H 280 × D 120

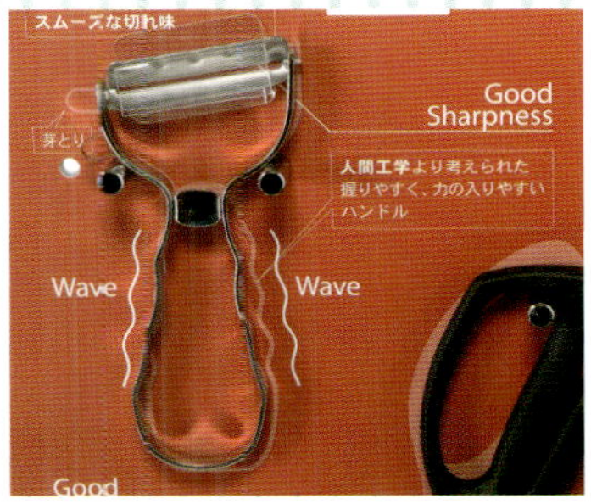

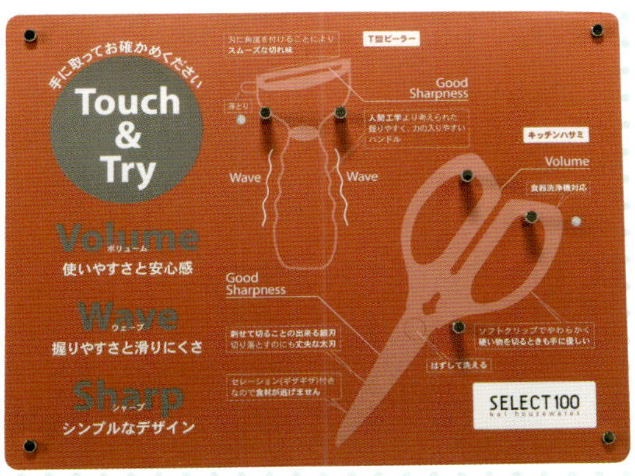

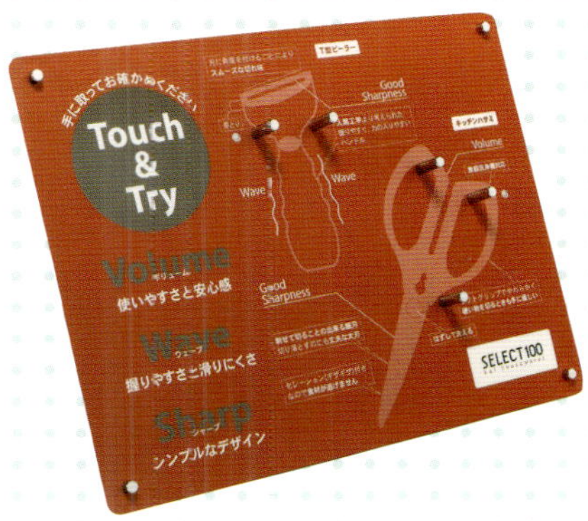

東邦レマック
A & P : 東京吉岡
MATERIAL : 紙類
W 250 × H 245 × D 210

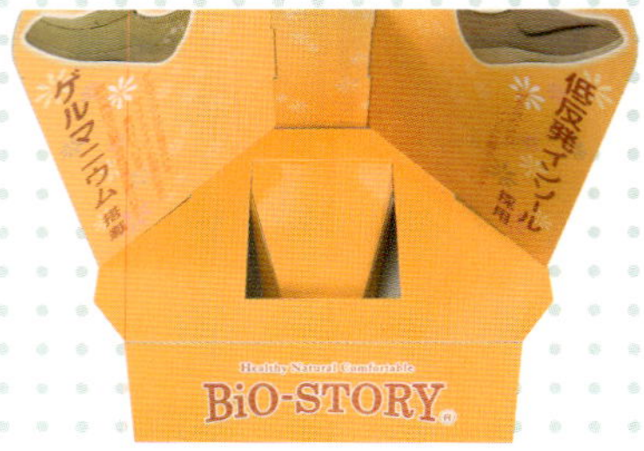

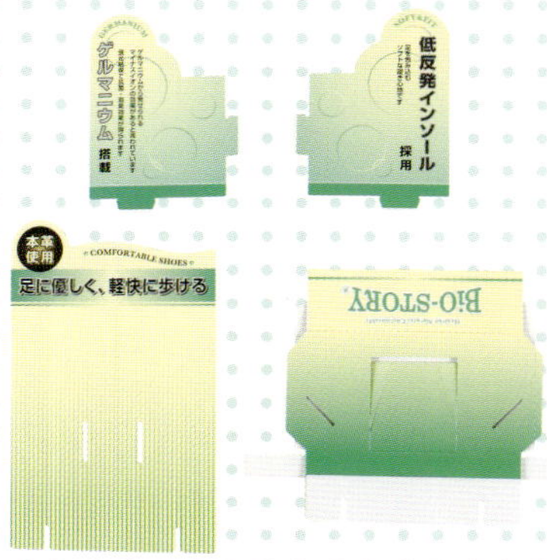

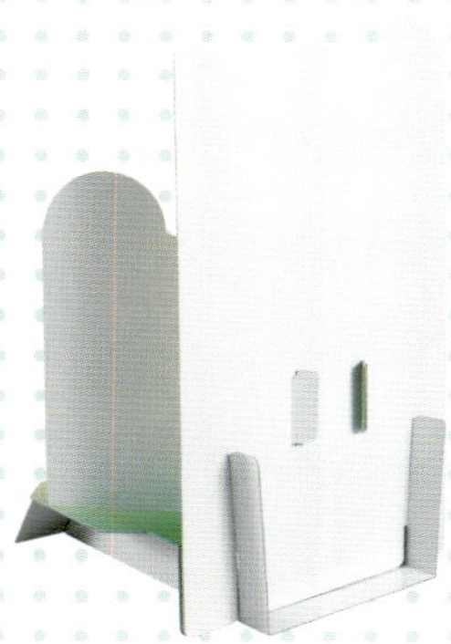

東邦レマック
A & P : 東京吉岡
MATERIAL : 紙類
W 250 × H 245 × D 210

東邦レマック
A & P : 東京吉岡
MATERIAL : 紙類
W 250 × H 245 × D 210

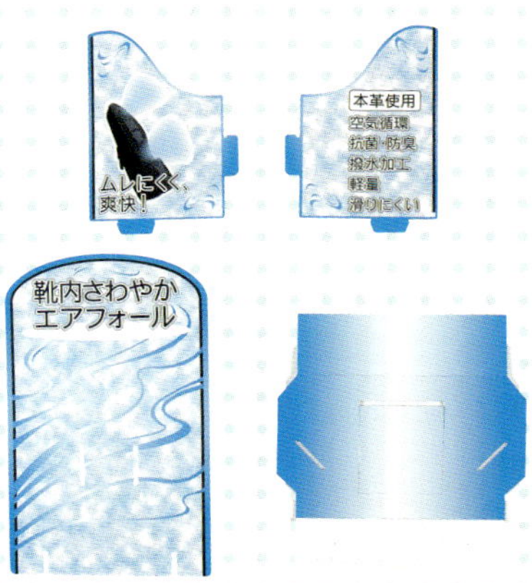

東邦レマック
A & P : 東京吉岡
MATERIAL : 紙類
W 250 × H 245 × D 210

ムーンスター

© TSUBURAYA PROD.
© 2006 TSUBURAYA PROD.・CBC
A & P : エイム
MATERIAL : 紙類
W 220 × H 300 × D 270

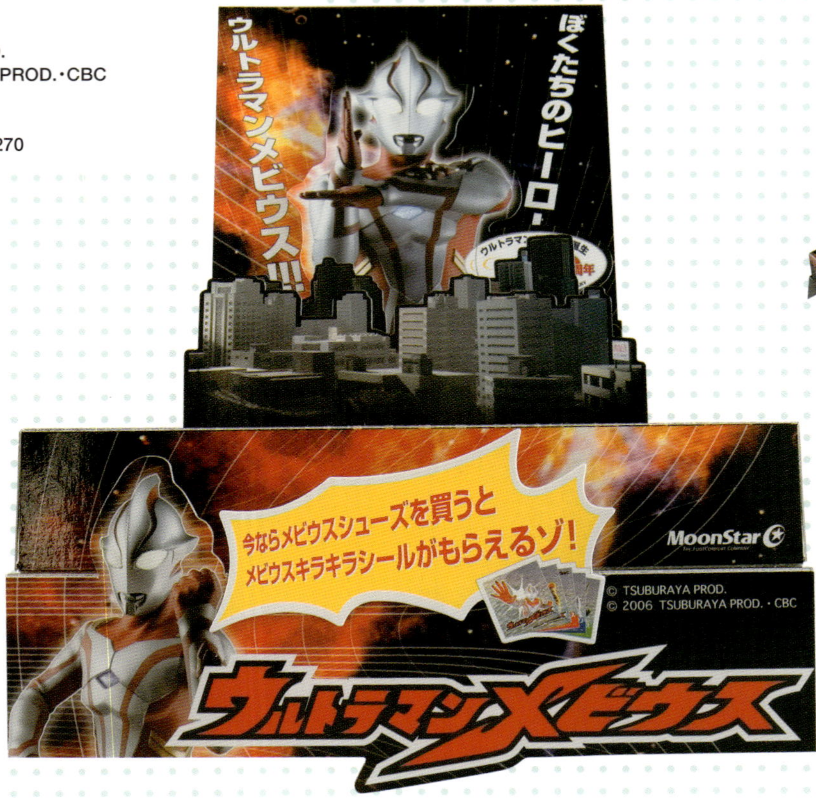

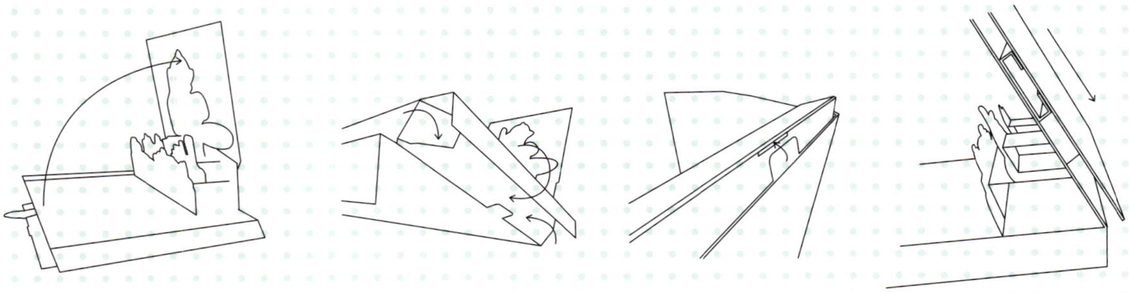

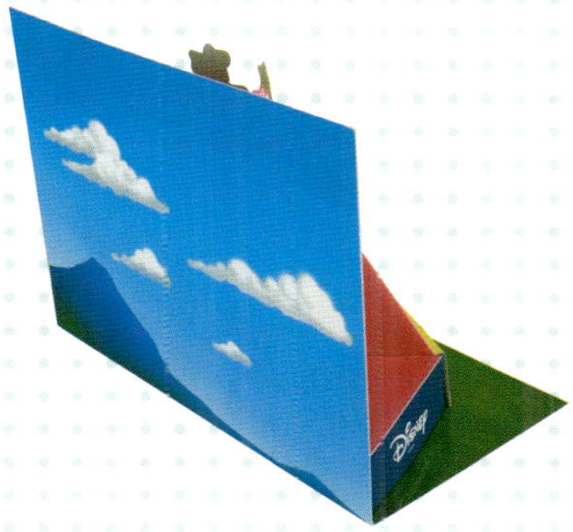

ムーンスター

©Disney
A & P : エイム
MATERIAL : 紙類
W 400 × H 300 × D 250

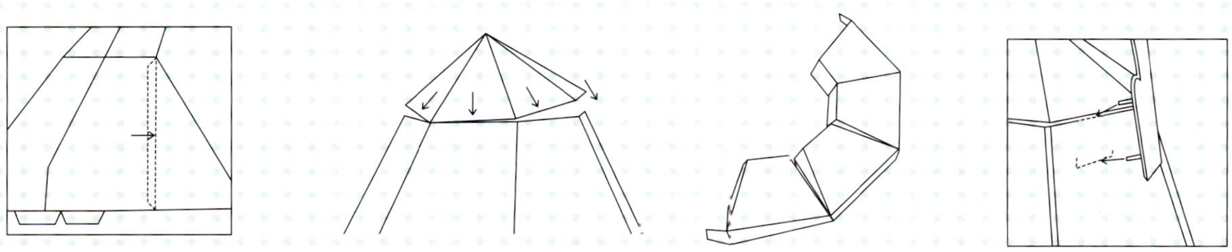

リズム時計工業
MATERIAL : アクリル・プラスチック
W 400 × H 200 × D 240

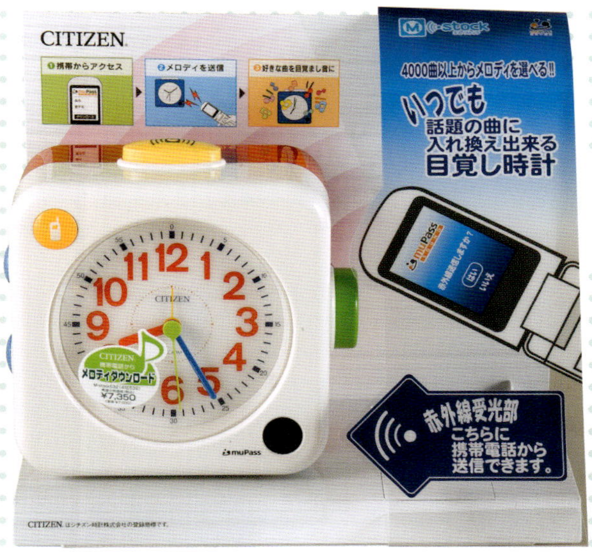

リズム時計工業
MATERIAL : 紙類・PET
W 230 × H 200 × D 135

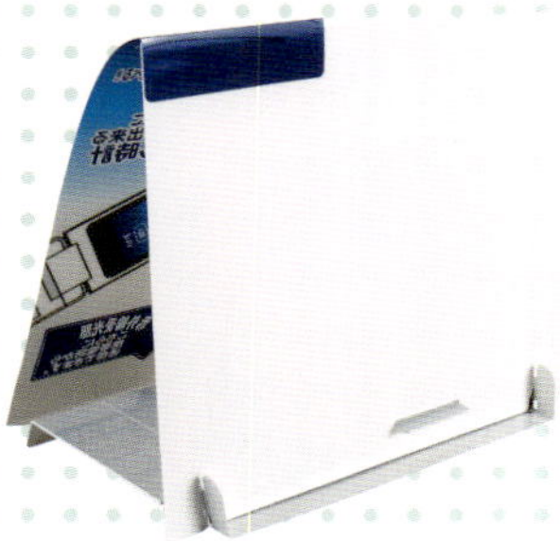

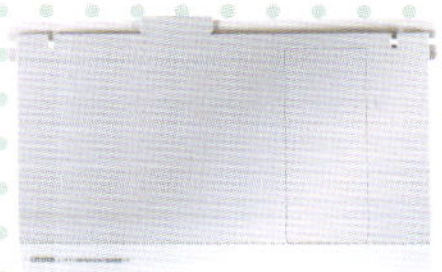

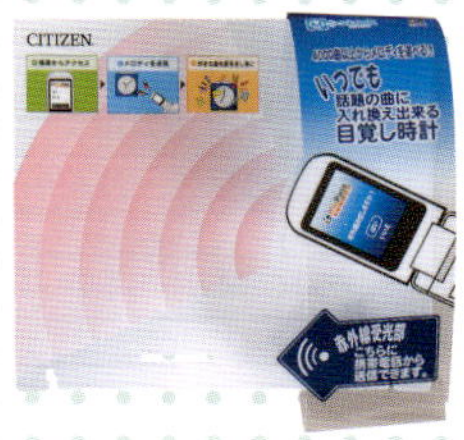

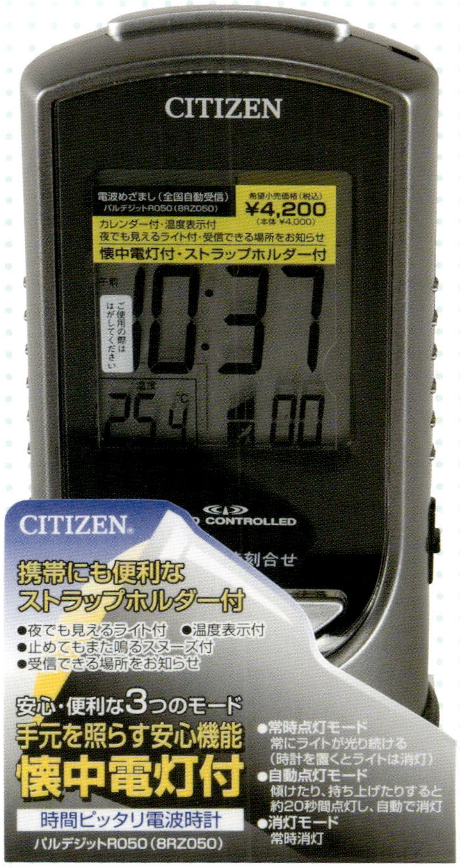

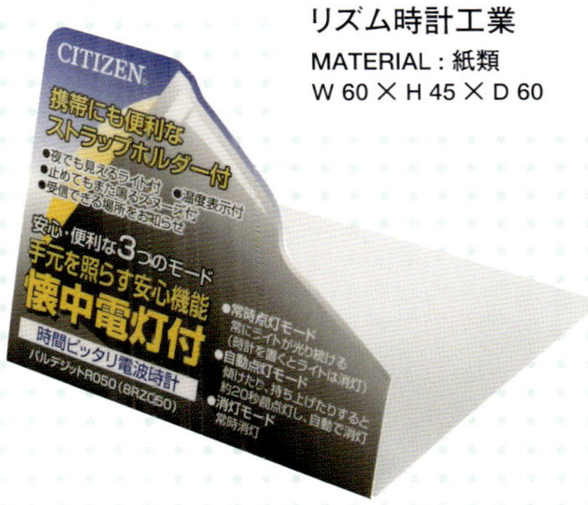

リズム時計工業
MATERIAL : 紙類
W 60 × H 45 × D 60

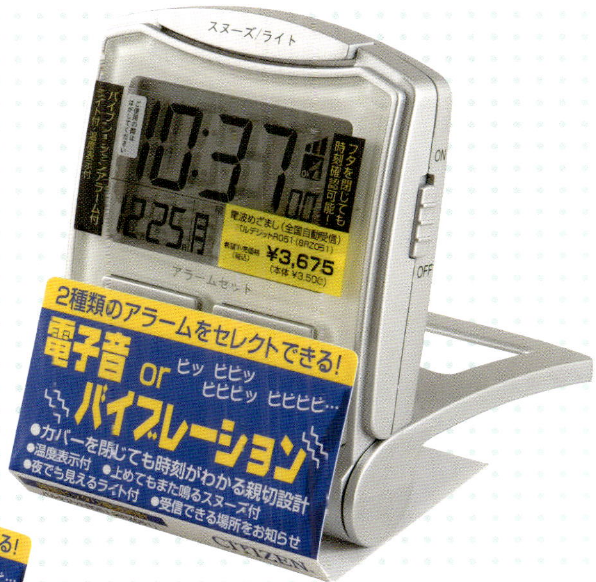

リズム時計工業
MATERIAL : 紙類
W 65 × H 40 × D 50

リズム時計工業
MATERIAL : プラスチック
W 170 × H 200 × D 170

FLOOR P.O.P.

コンビ
A & P : 自社 / 小倉商会
MATERIAL : 紙類
W 600 × H 700 × D 520

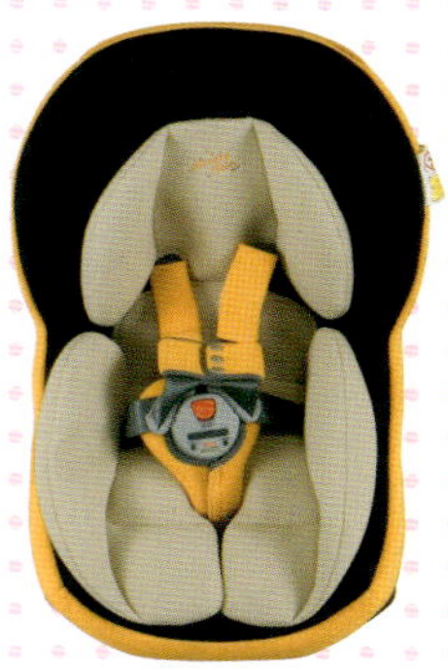

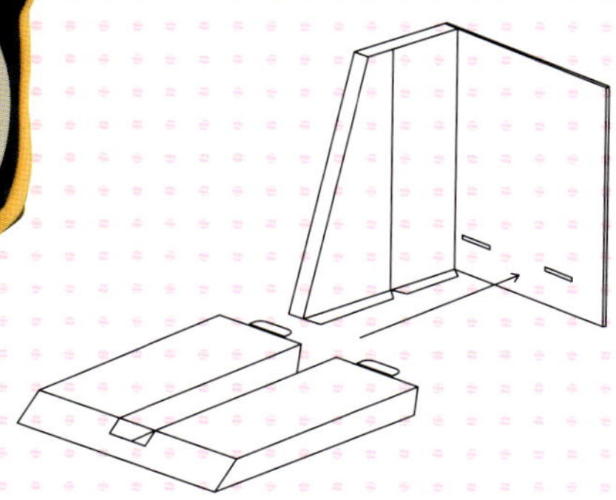

コンビ

A＆P：自社／小倉商会

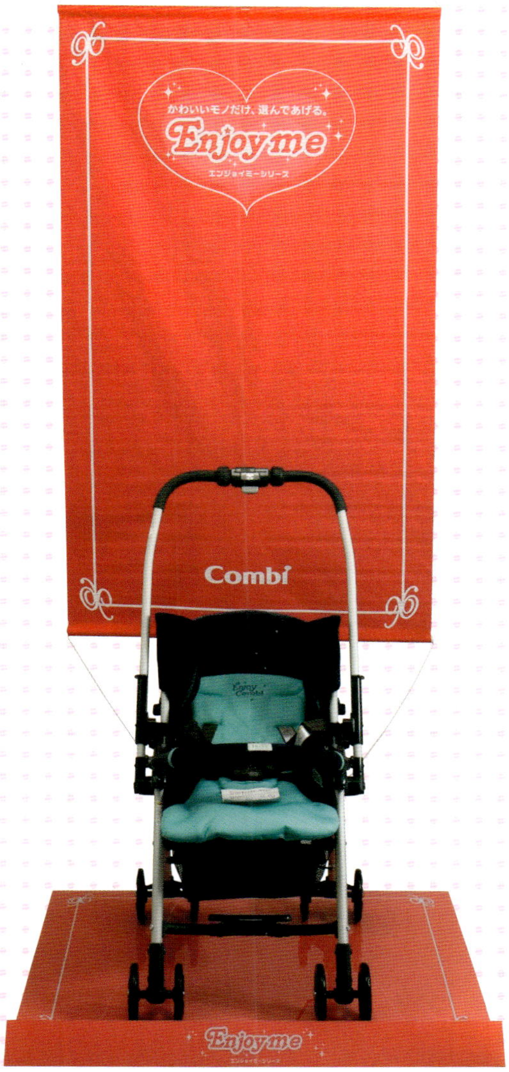

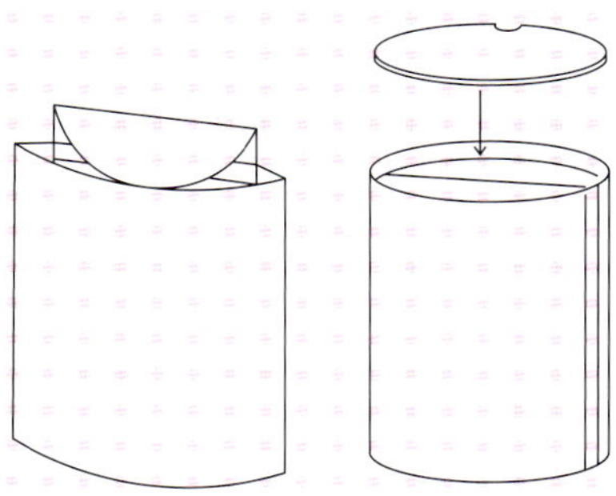

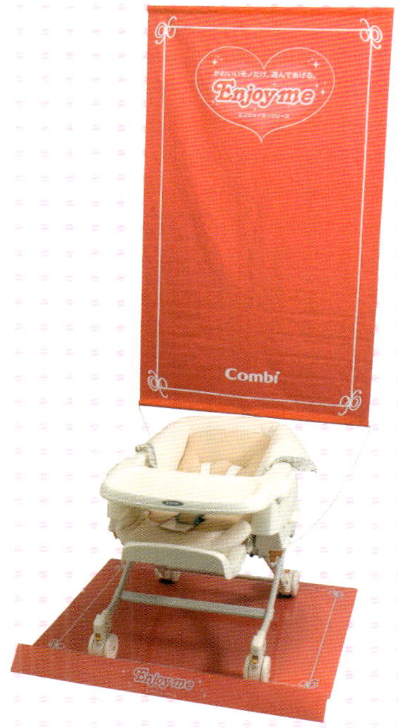

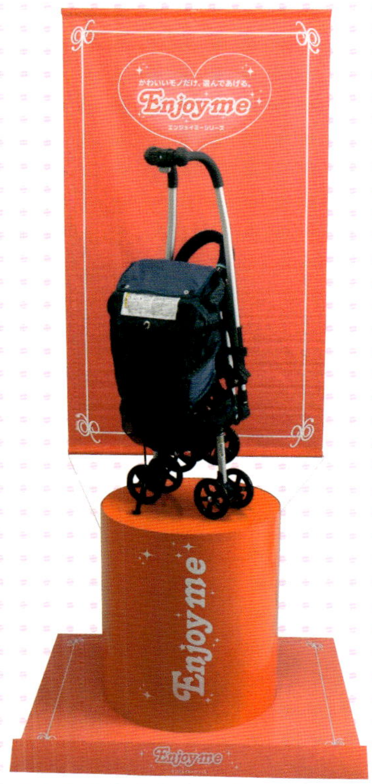

コンビ
A & P : 自社 / 小倉商会
W 900 × H 800 × D 600

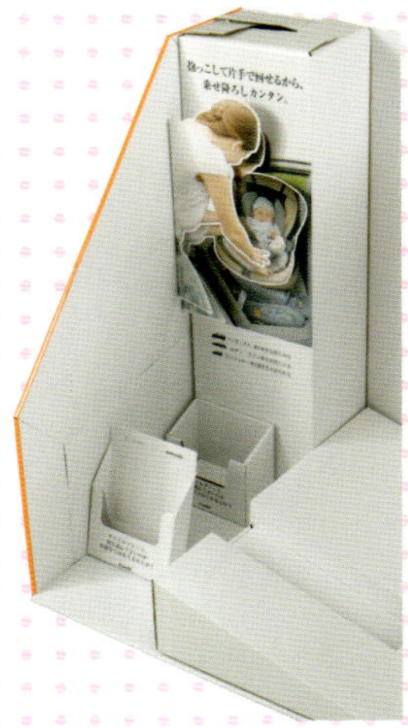

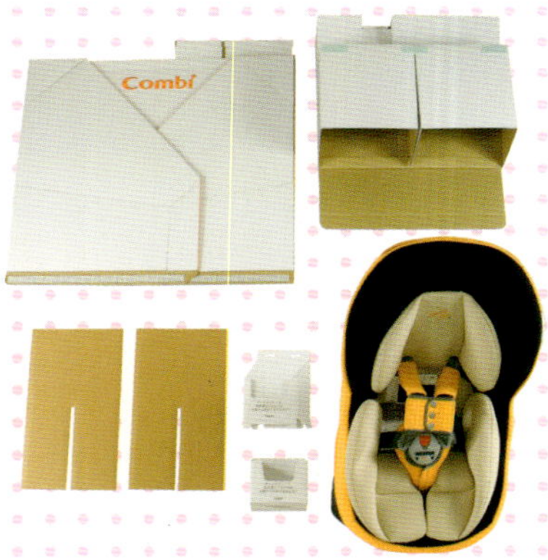

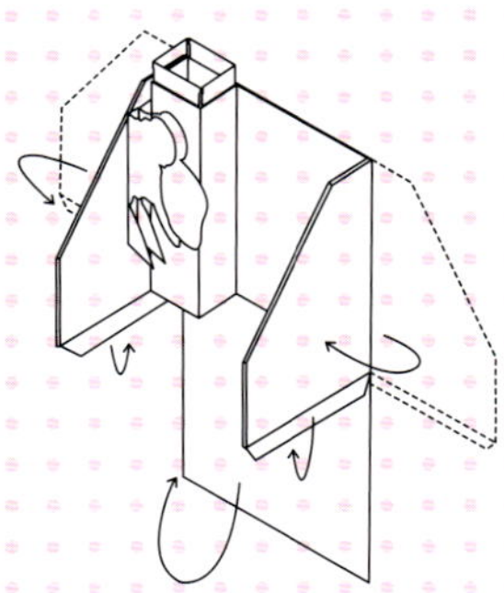

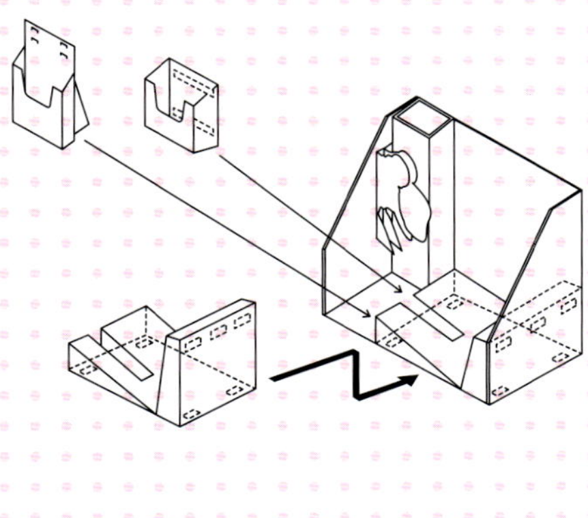

コンビ
A & P : 自社 / 小倉商会
MATERIAL : 紙類

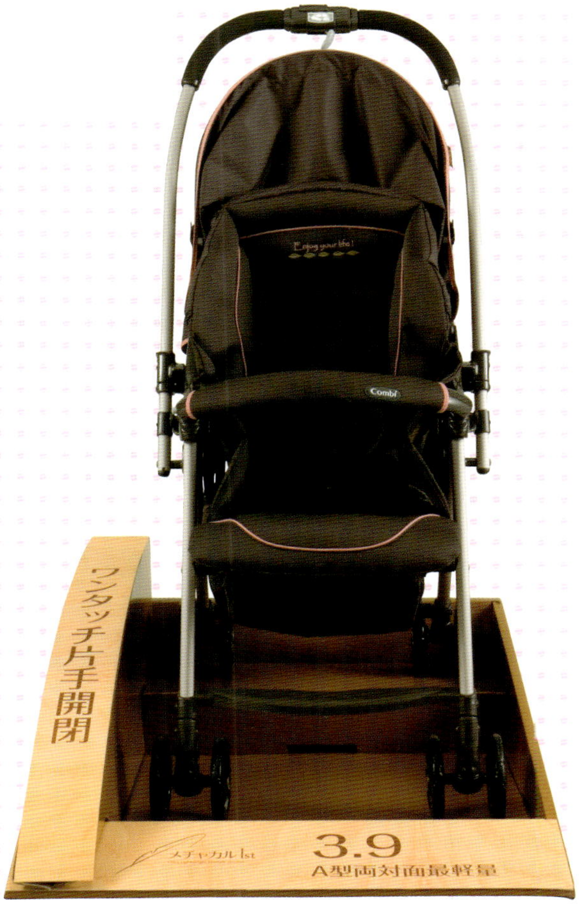

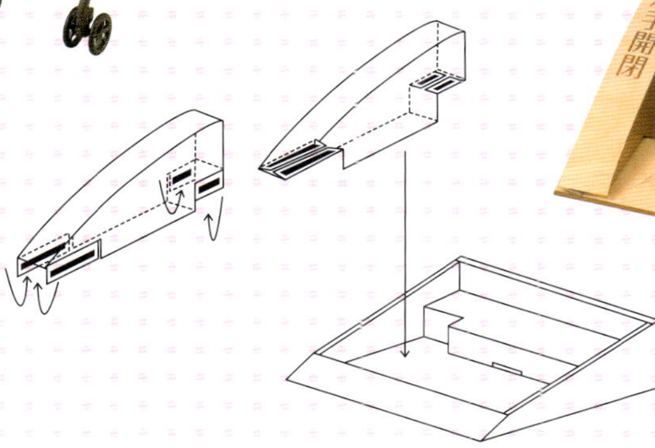

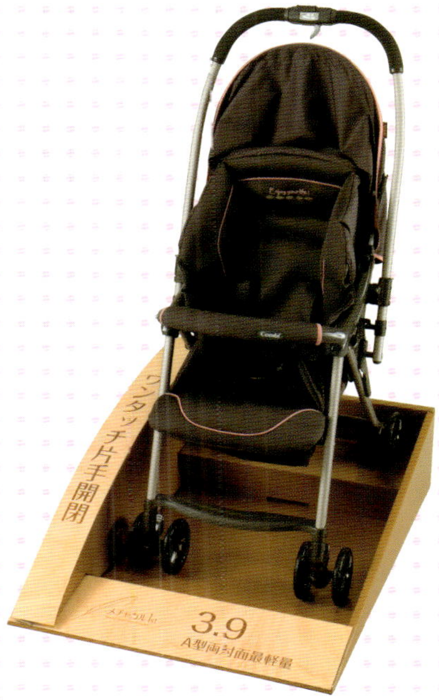

アップリカ葛西

A & P : タナックス
MATERIAL : 紙類
W 800 × H 800 × D 570

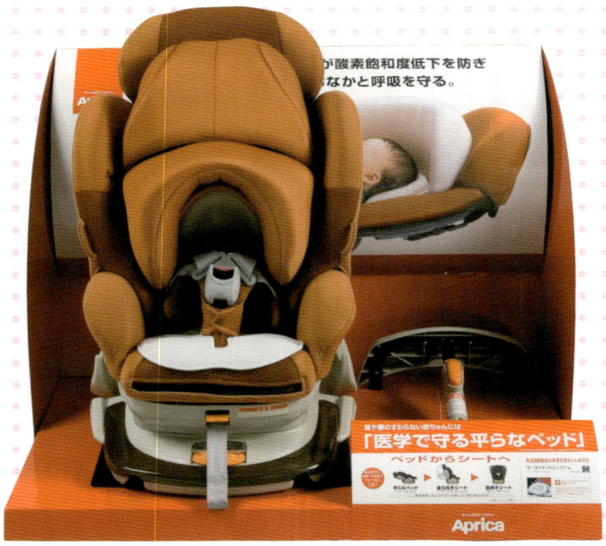

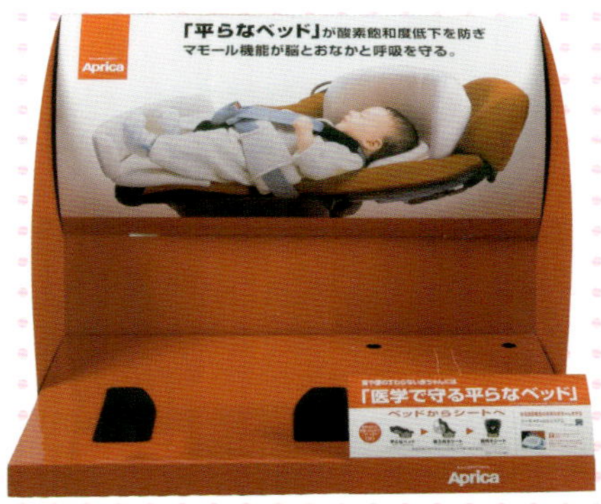

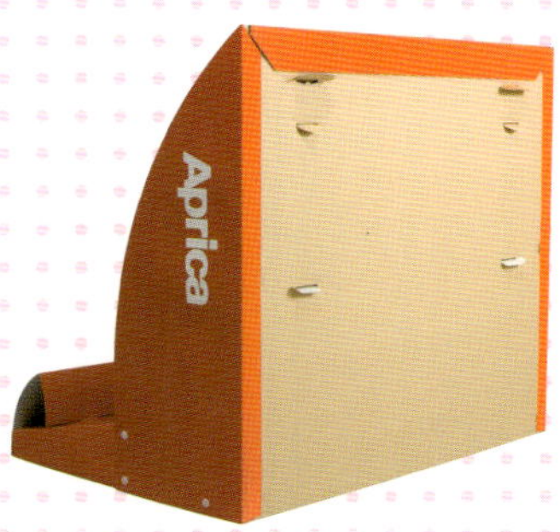

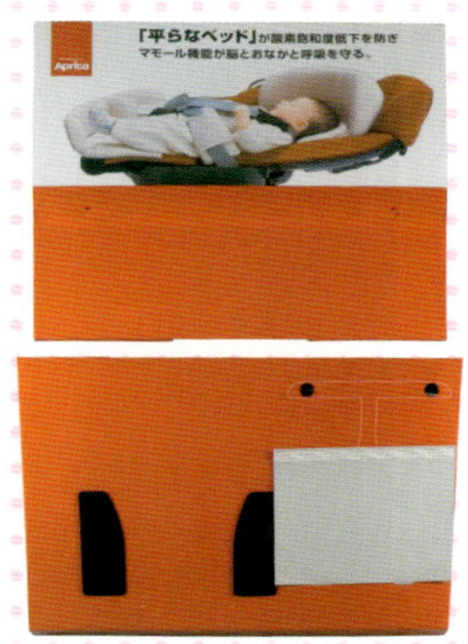

アップリカ葛西

A & P : 東京吉岡
MATERIAL : 紙類
W 600 × H 1120 × D 370

ギャガ・コミュニケーションズ
MATERIAL : 合紙
W 1500 × H 1800 × D 500

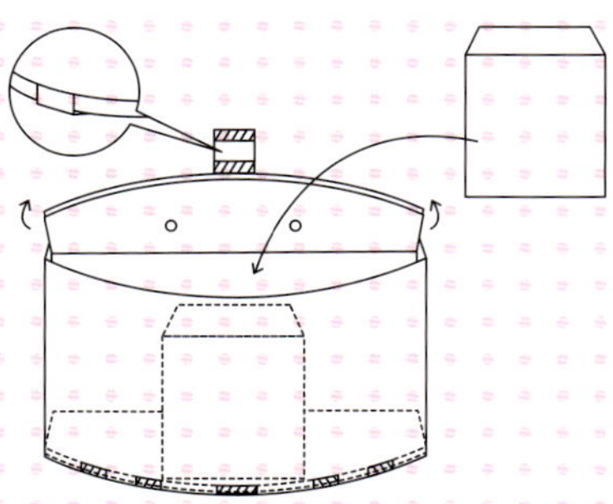

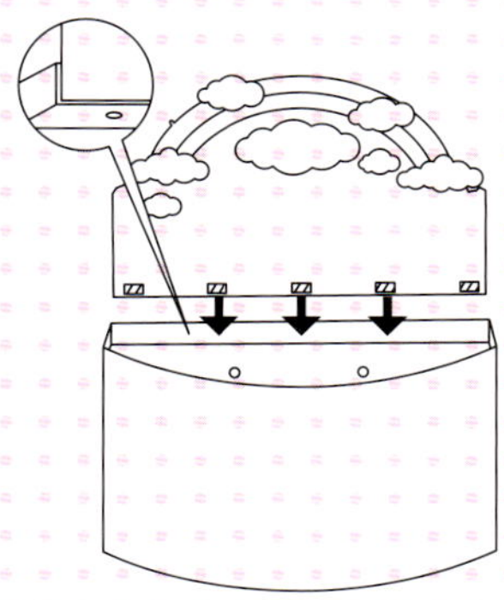

ハイジ
おじいさん
「はじめまして」
この夏あなたが初めて出会う
アルプスの少女
ハイジ
HEIDI
夏休み全国ロードショー

ハイジ
おじいさん
ペーター
「はじめまして」
この夏あなたが初めて出会う
アルプスの少女
ハイジ
HEIDI
夏休み全国ロードショー

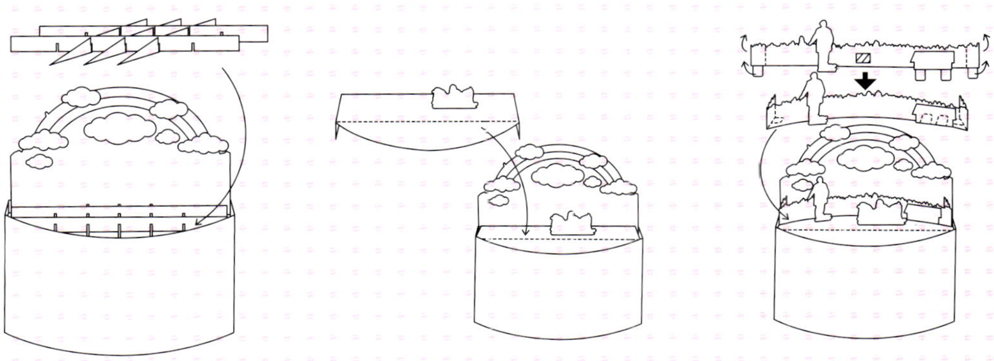

ギャガ・コミュニケーションズ
MATERIAL：紙類・合紙・スチレンボード
W 2200 × H 2300 × D 1000

フィッツコーポレーション
MATERIAL：紙類
W 440 × H 1545 × D 313

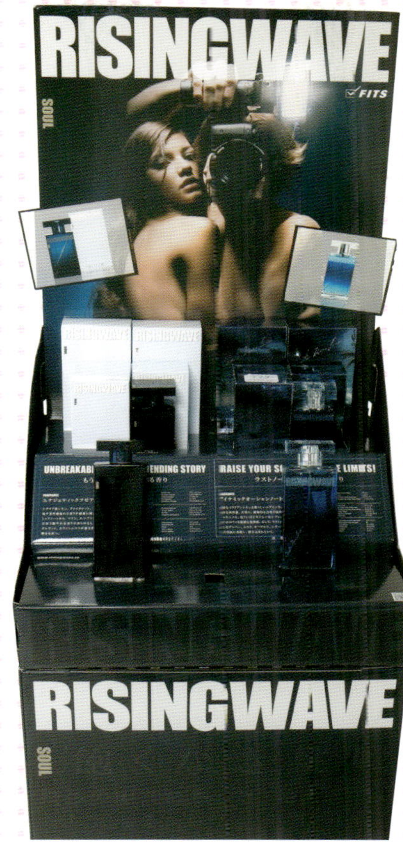

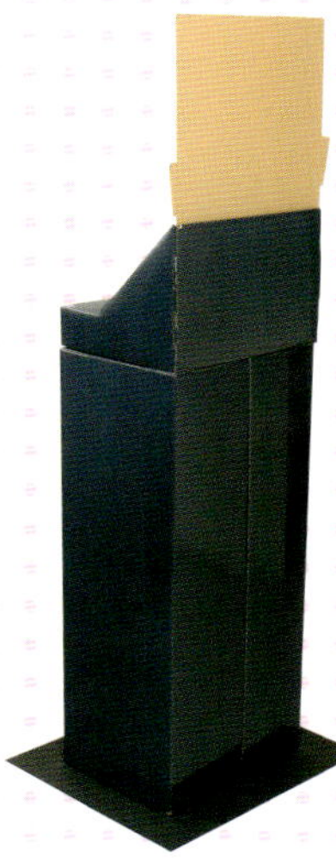

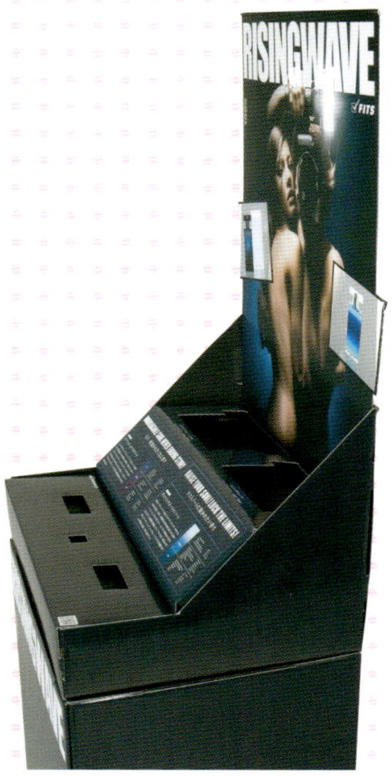

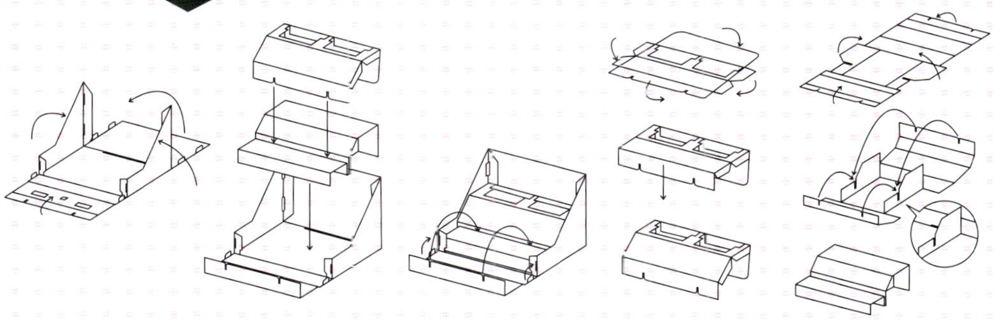

フィッツコーポレーション
MATERIAL : 紙類
W 360 × H 1589 × D 313

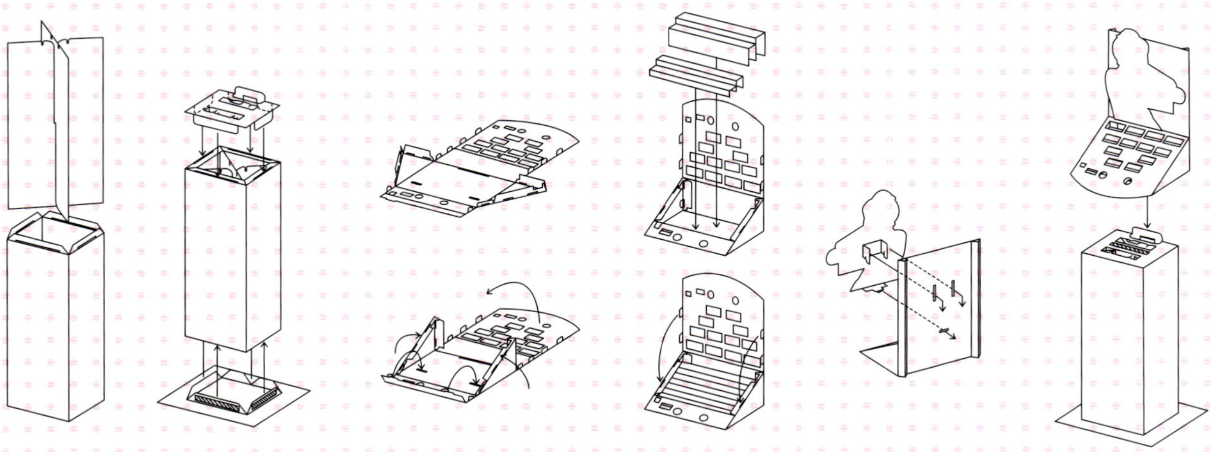

まばゆい光の結晶…
DIAMOND
DAZZLE

DIAMOND
DAZZLE

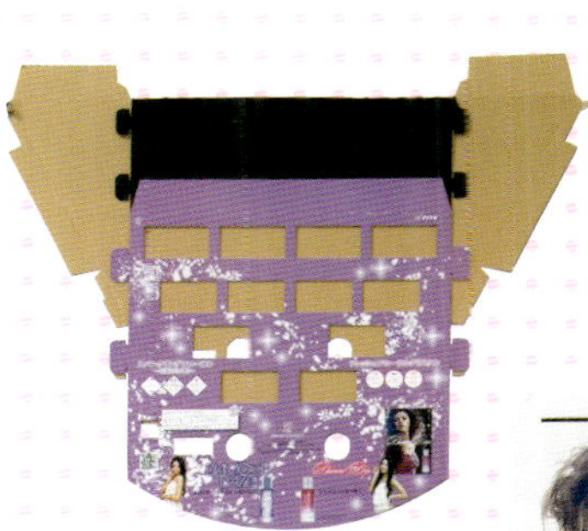

DIAMOND
DAZZLE

DIAMOND
DAZZLE
DIAMOND
DAZZLE

常盤薬品工業
A & P : 広美
MATERIAL : 紙類
W 450 × H 1500 × D 400

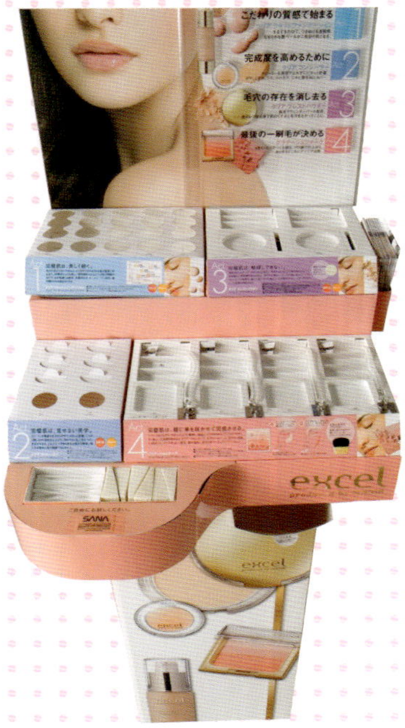

常盤薬品工業

A & P : 広美
MATERIAL : 紙類
W 400 × H 1500 × D 300

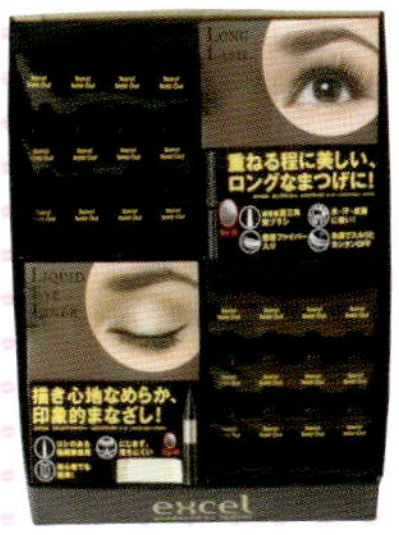

常盤薬品工業

A & P : 広美
MATERIAL : 紙類
W 450 × H 1500 × D 400

常盤薬品工業
A & P : 広美
MATERIAL : 紙類
W 410 × H 1400 × D 500

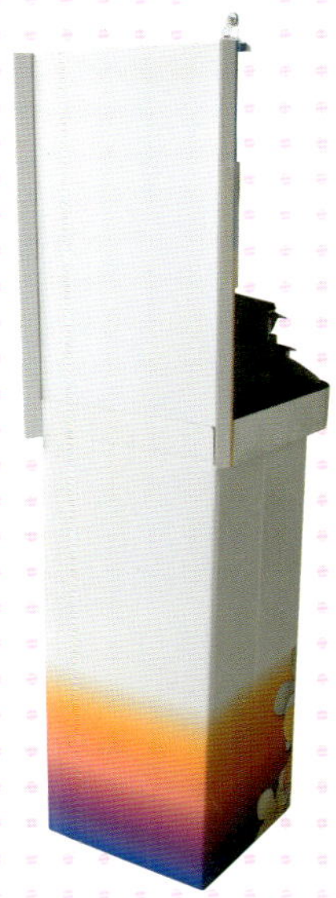

常盤薬品工業

A & P : 広美
MATERIAL : 紙類
W 450 × H 1450 × D 380

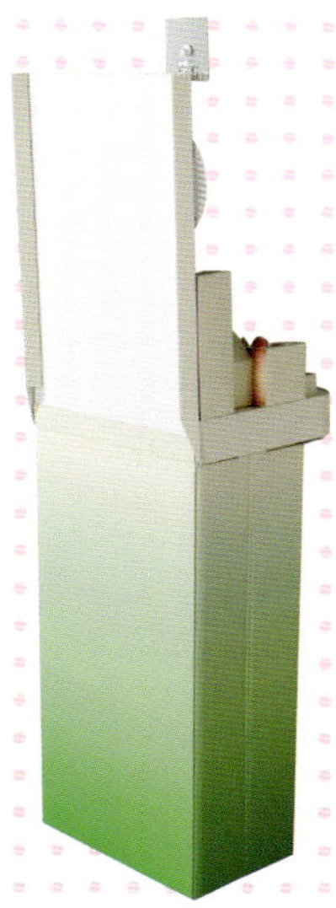

白元

A & P : マスパック
MATERIAL : 紙類
W 340 × H 1300 × D 340

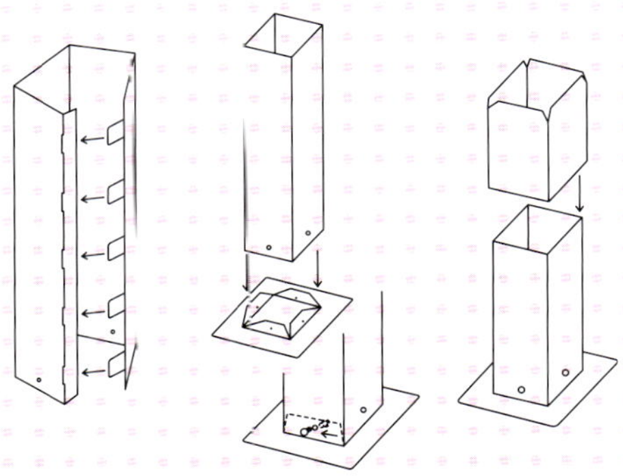

クレハ

A & P : マスパック
MATERIAL : 紙類
W 350 × H 1300 × D 350

伊藤園
A & P：自社
MATERIAL：紙類
W 365 × H 1310 × D 300

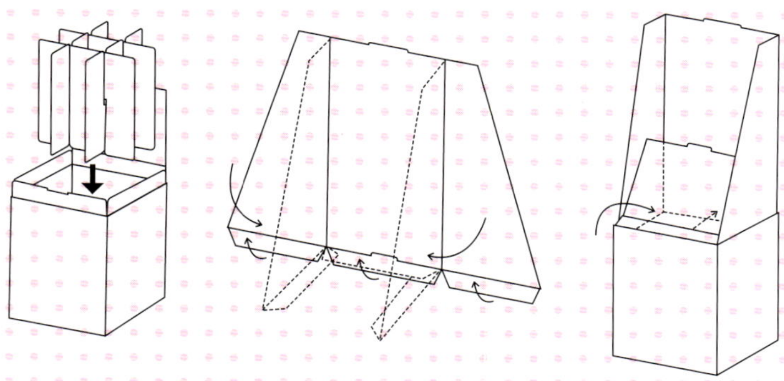

貝印

MATERIAL : 紙類
W 340 × H 1500 × D 300

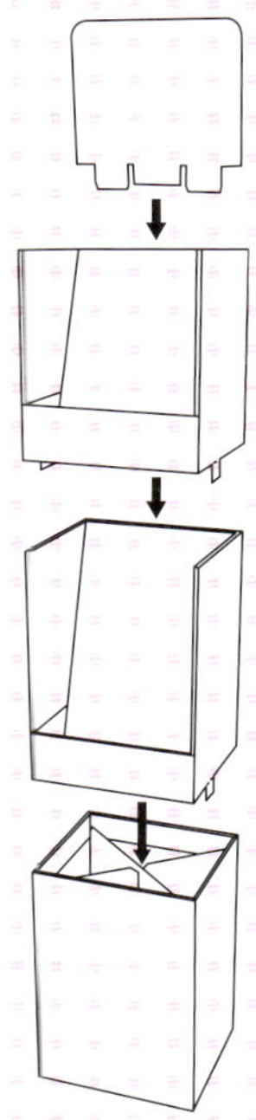

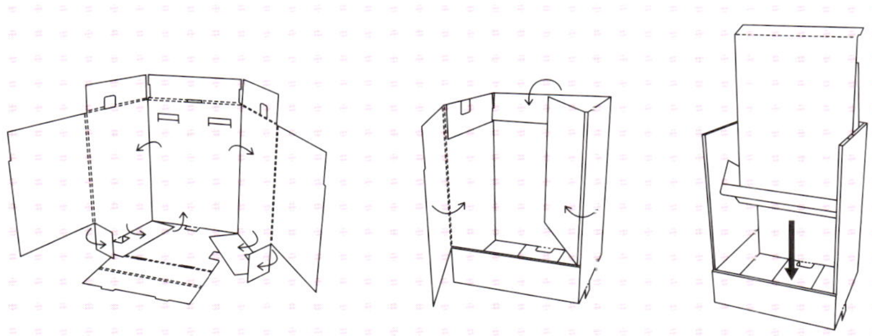

久光製薬
MATERIAL：紙類
W 450 × H 1485 × D 350

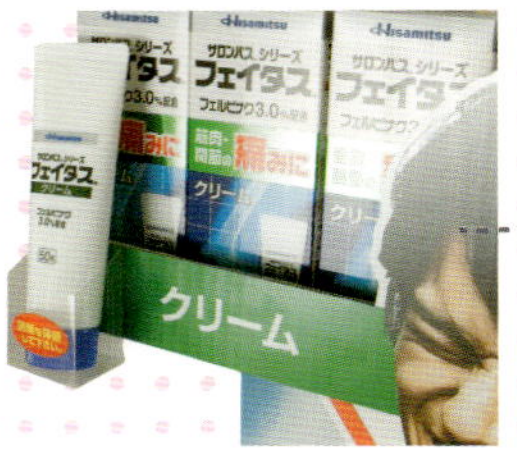

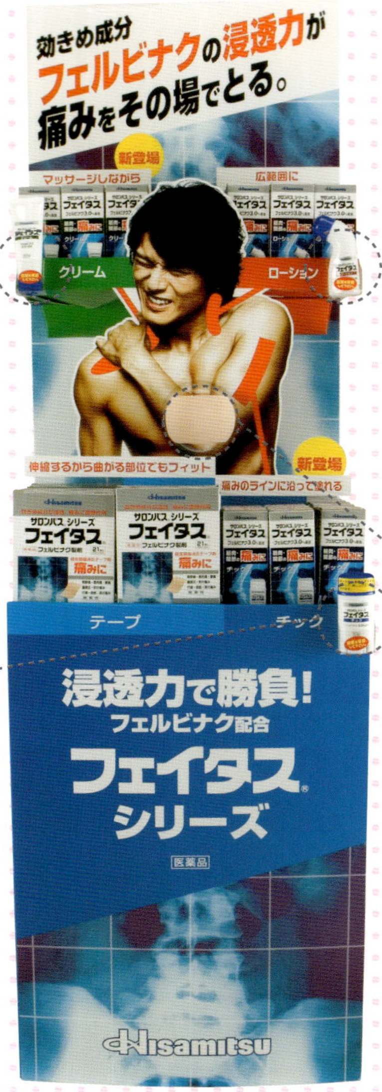

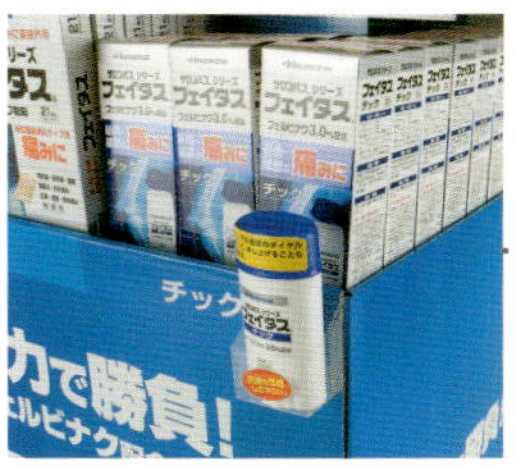

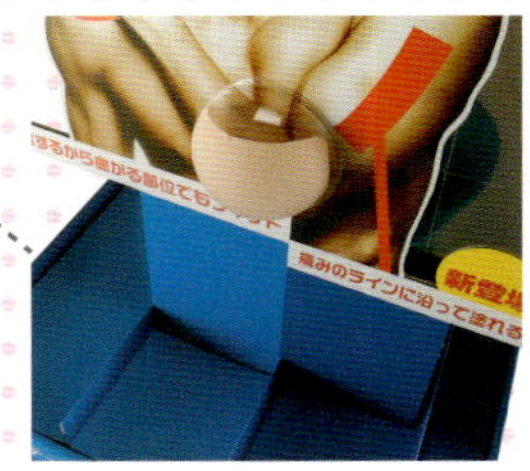

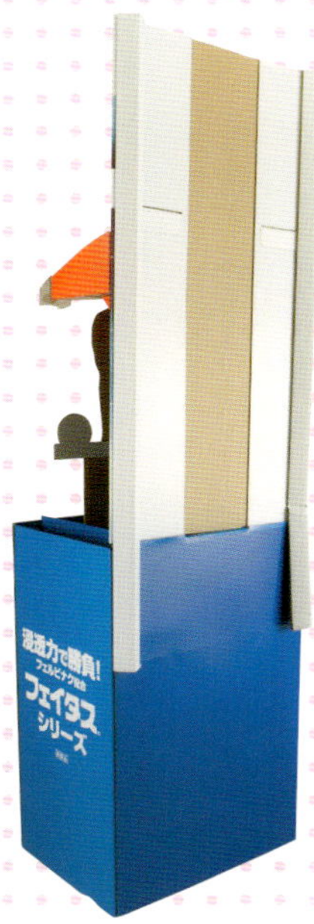

久光製薬

MATERIAL：紙類
W 380 × H 1300 × D 330

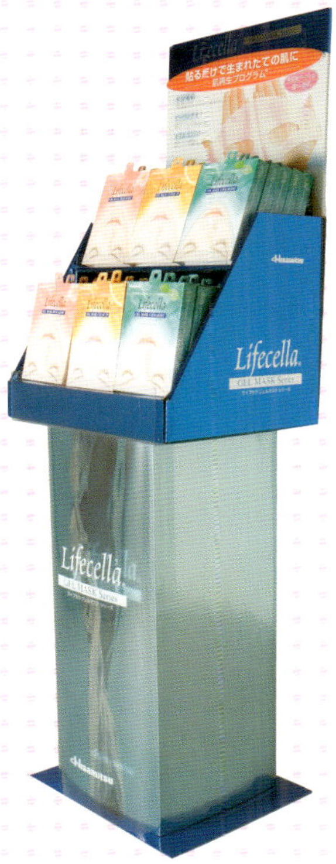

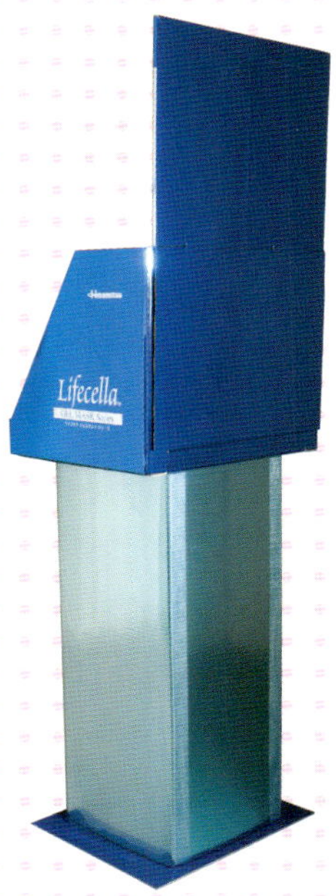

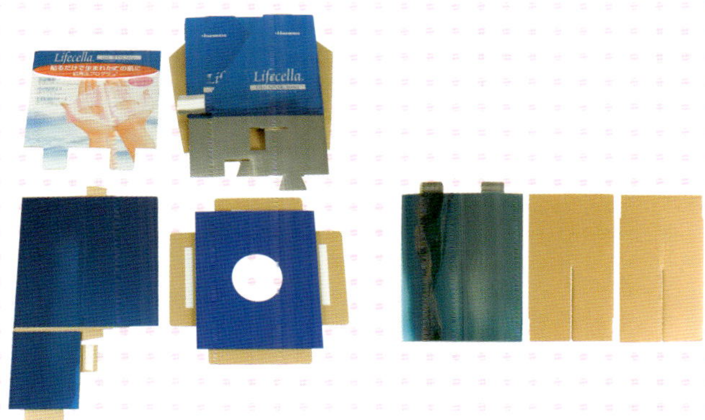

ハインツ日本
A & P : ループ・マーケティング ソリューション エージェンシー
MATERIAL : 紙類・合紙
W 340 × H 990 × D 340

ジョンソン・エンド・ジョンソン
ビジョンケアカンパニー
MATERIAL : 紙類・アクリル

ハインツ日本

A & P : ループ・マーケティング ソリューション エージェンシー
MATERIAL : 紙類・合紙
W 350 × H 1050 × D 280

フレンテ・インターナショナル
MATERIAL : 紙類・合紙
W 330 × H 1000 × D 173

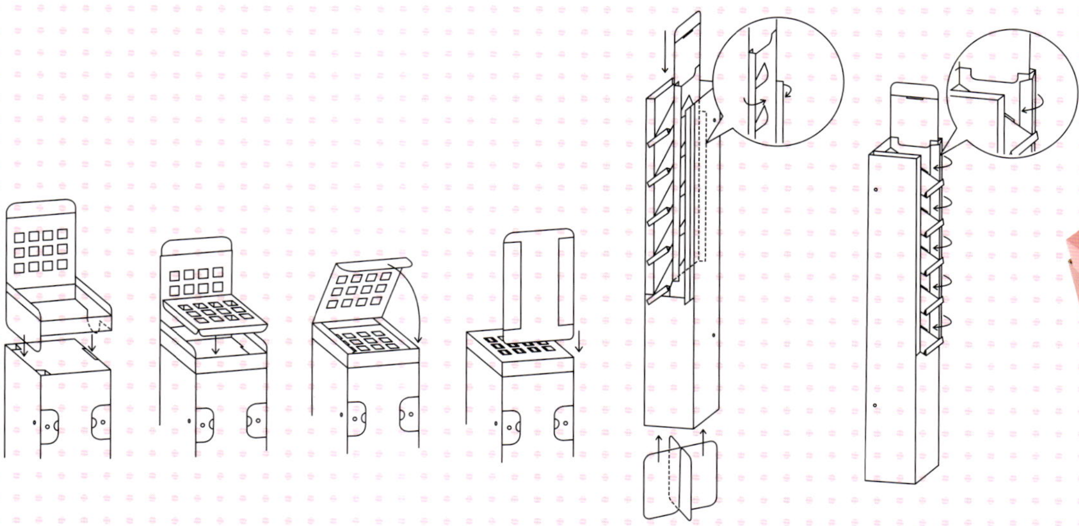

セガ

©CHUNSOFT / 我孫子武丸 / 田中啓文 / 牧野修
©2006 CHUNSOFT / 我孫子武丸 / 羽毛田丈史
MATERIAL : 紙類
W 420 × H 1080 × D 420

江崎グリコ

A & P : ファースト
MATERIAL : 紙類・合紙
W 480 × H 1655 × D 380

デノン コンシューマー マーケティング
MATERIAL：布・鉄・ガラス材
W 900 × H 1200 × D 600

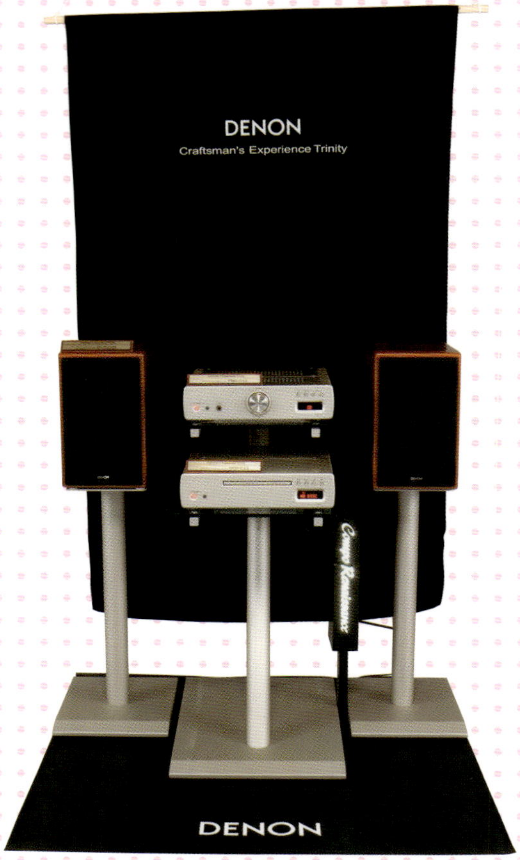

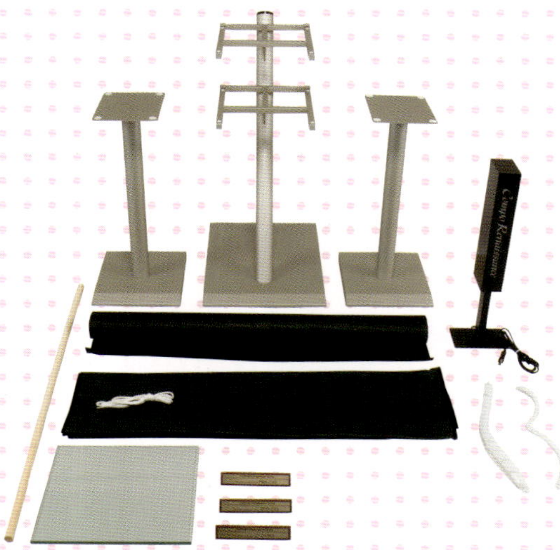

久光製薬

MATERIAL : 紙類
W 345 × H 1380 × D 376

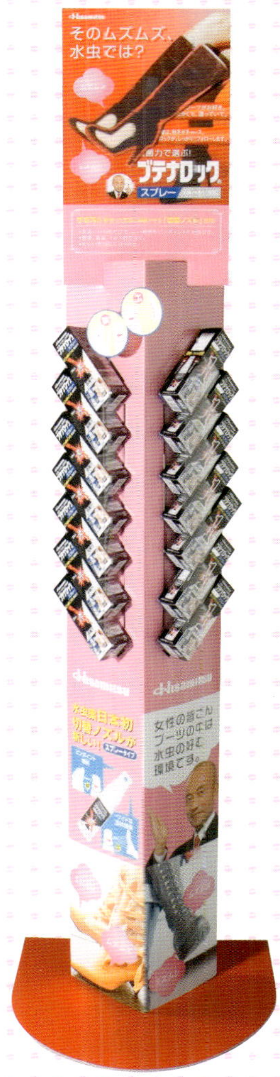

久光製薬

MATERIAL : 紙類
W 225 × H 1360 × D 470

日立製作所
A & P : 日立ハイプラン
MATERIAL : 紙類
W 600 × H 1700 × D 300

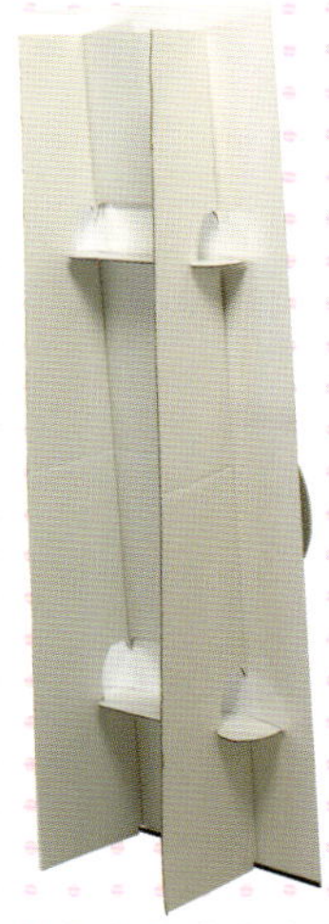

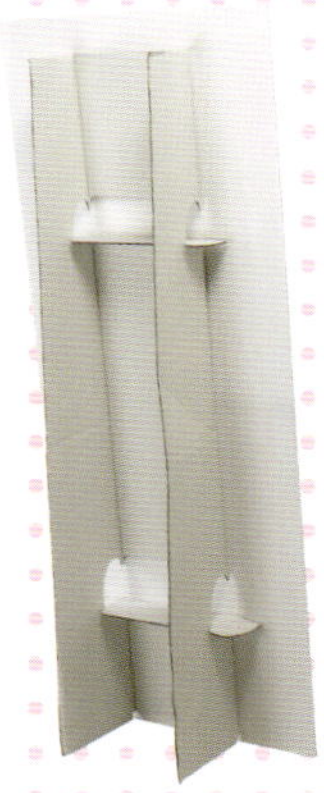

日立製作所
A & P : 日立ハイプラン
MATERIAL : 紙類
W 700 × H 1750 × D 300

日立製作所
A & P : 日立ハイプラン
MATERIAL : 紙類
W 300 × H 1500 × D 320

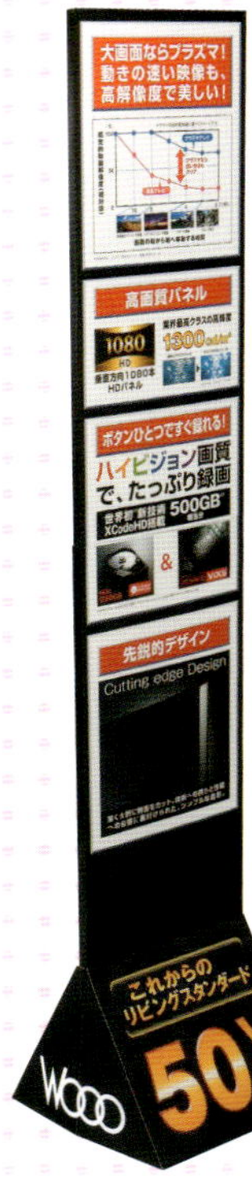

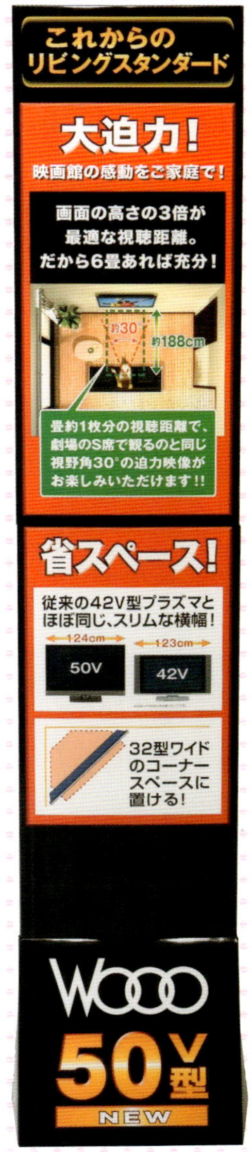

象印マホービン
A & P : 凸版印刷
MATERIAL : 紙類・PET・ポリスチレン樹脂・布
W 1800 × H 2100 × D 900

WOWOW

A & P : 電通
MATERIAL : 紙類
W 720 × H 1970 × D 370

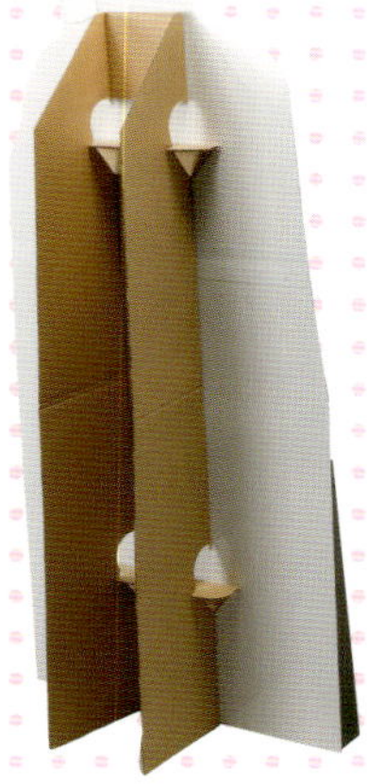

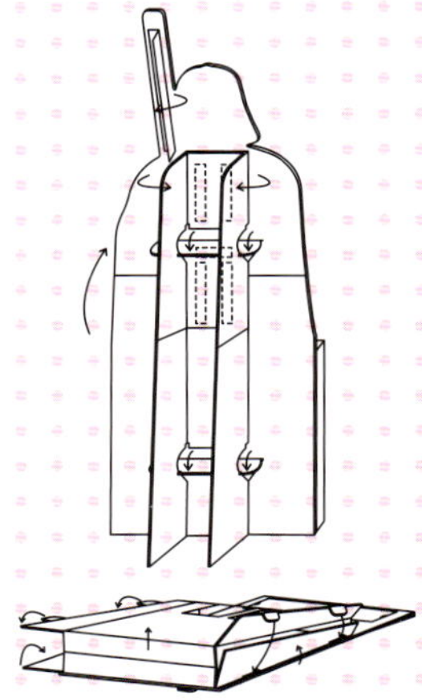

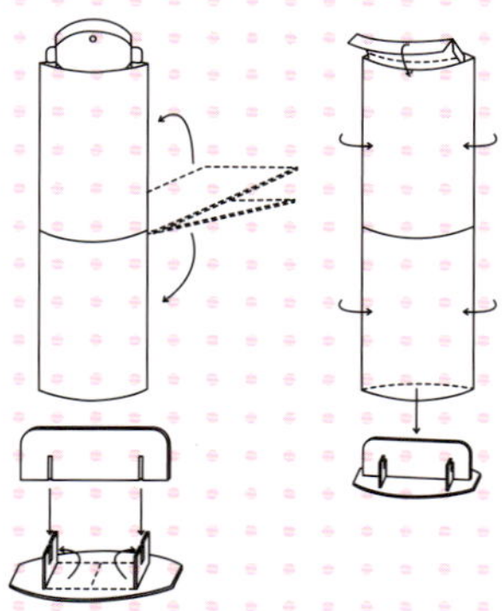

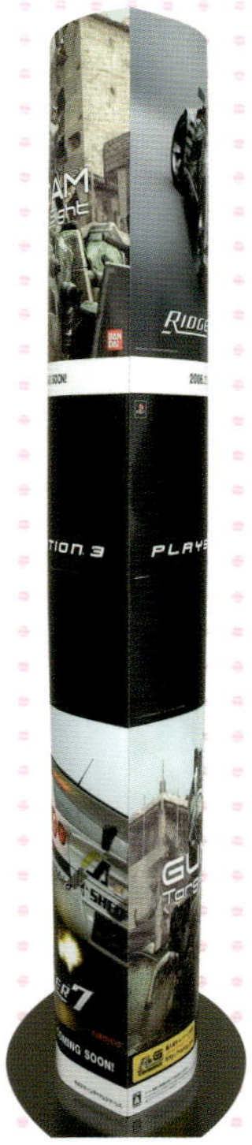

バンダイナムコゲームス

RIDGE RACER™7

A & P : SMC
MATERIAL : 紙類
W 500 × H 1500 × D 400

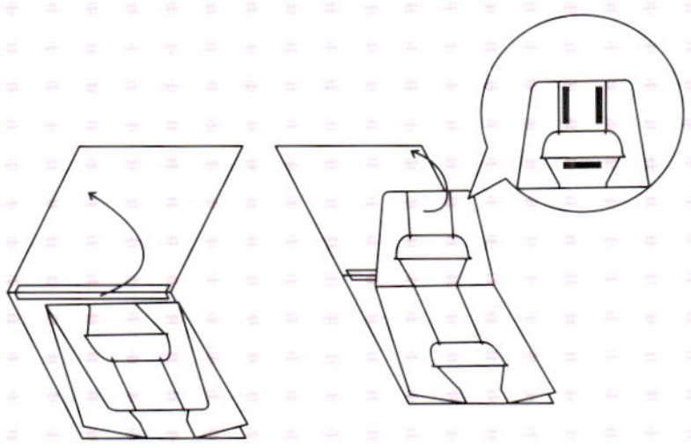

バンダイナムコゲームス
©.hack Conglomerate
©2006 NBGI
A & P : アーケイア / シナテック
MATERIAL : 紙類
W 600 × H 1200 × D 300

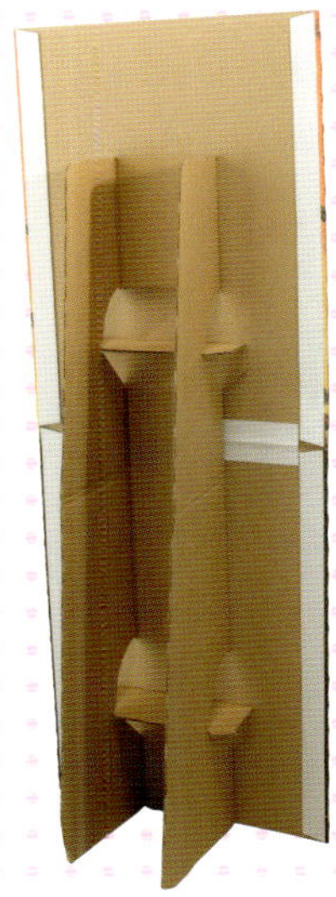

ブエナビスタホームエンターテイメント
A & P : 千修
MATERIAL : 紙類・合紙・布
W 800 × H 1700 × D 440

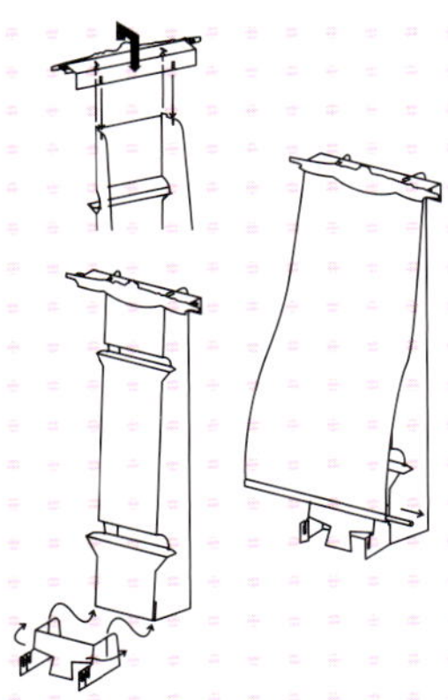

佐藤製薬

A & P：ニットー
MATERIAL：紙類・合紙
W 380 × H 1250 × D 480

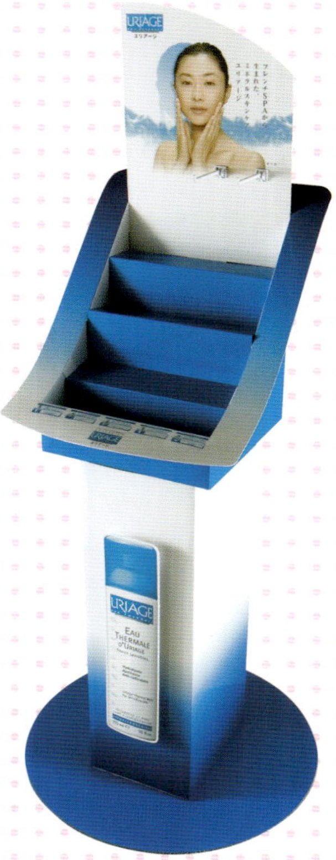

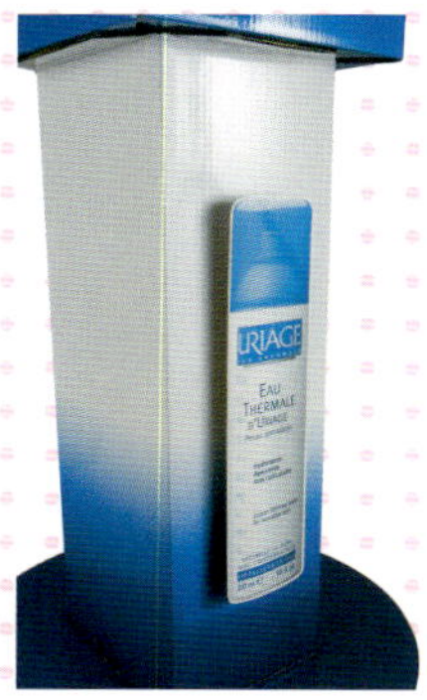

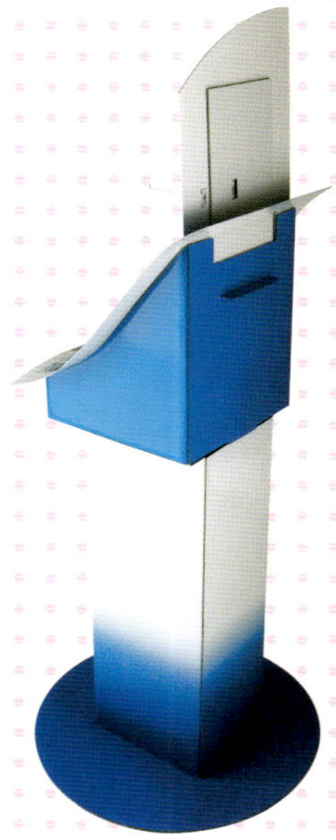

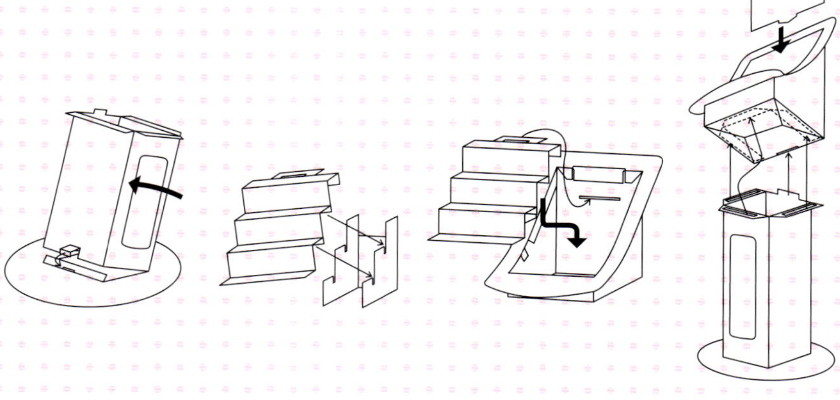

チバビジョン
A & P : ディージー・アンド・アイベックス
MATERIAL : 紙類・透明PET・アクリル板
W 600 × H 800 × D 600

NECライティング
A & P : アルファ企画
MATERIAL : ボール紙
W 900 × H 1700 × D 300

NECライティング
A & P : アルファ企画
MATERIAL : ボール紙
W 900 × H 1700 × D 300

明治製菓

A & P : ニットー
MATERIAL : 紙類
W 540 × H 1320 × D 300

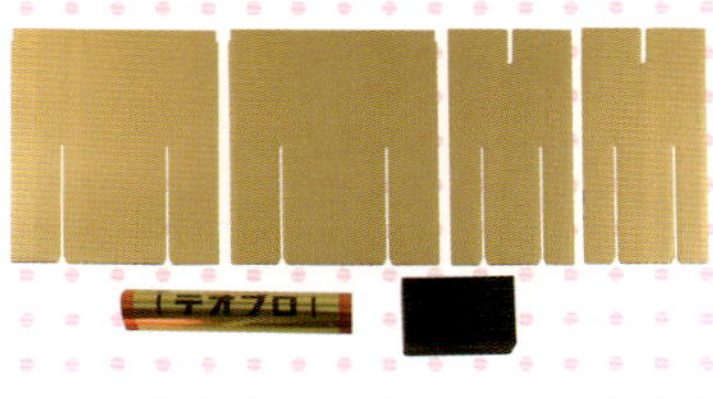

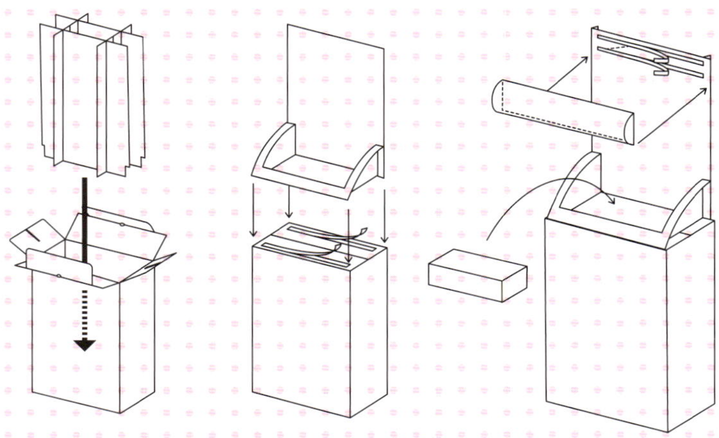

明治製菓

A & P：ニットー
MATERIAL：紙類
W 450 × H 1400 × D 325

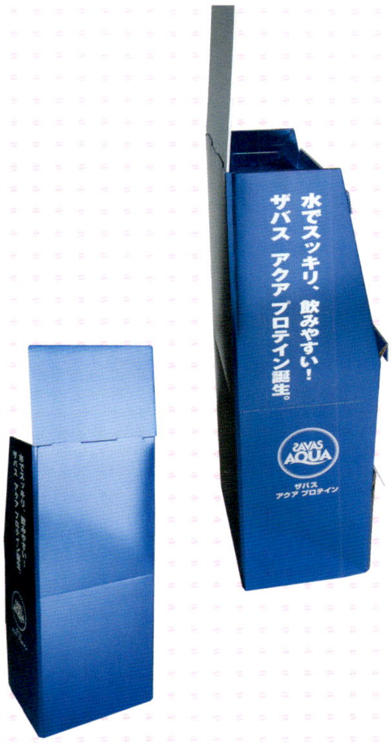

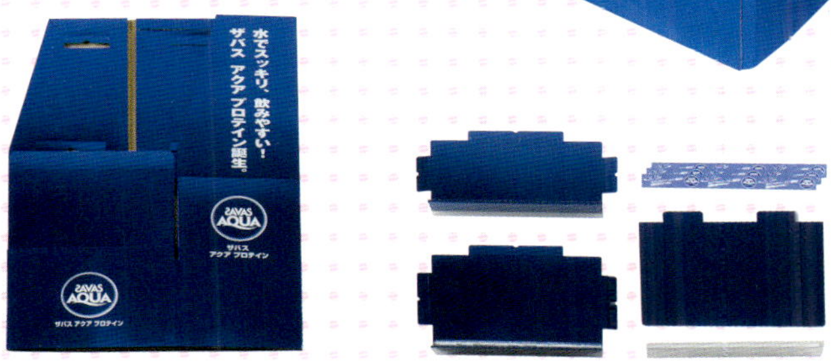

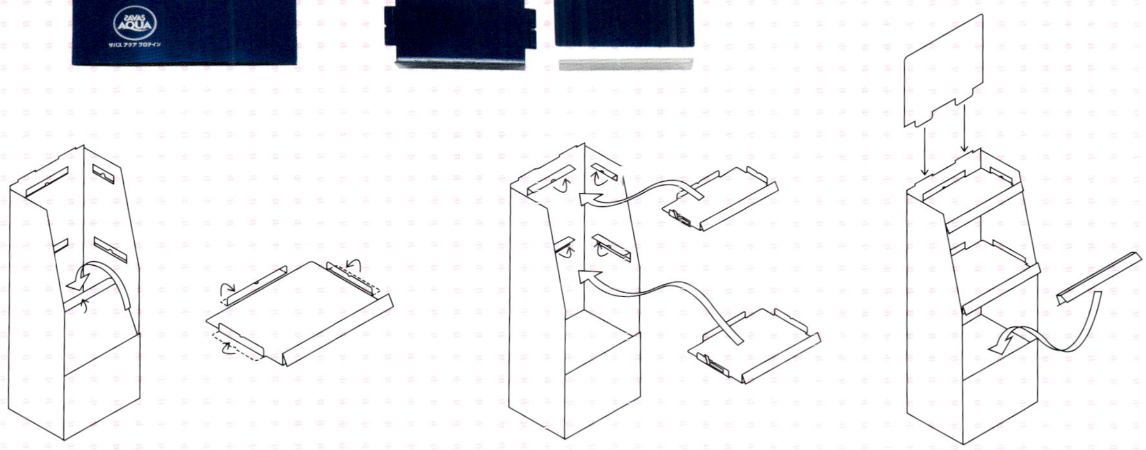

WOWOW

A & P : アイプラネット
MATERIAL : 紙類・プラスチック

大塚ベバレジ

MATERIAL : 紙類

ピーエス

A & P : マスパック
MATERIAL : 紙類
W 360 × H 1360 × D 280

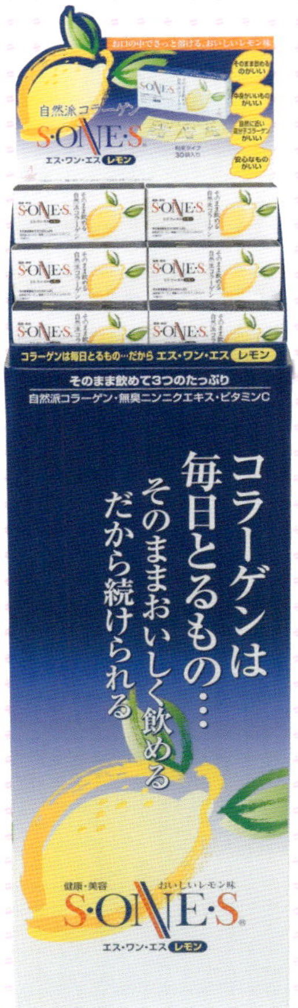

タイホーコーザイ

A & P : マスパック
MATERIAL : 紙類・鉄
W 800 × H 1900 × D 800

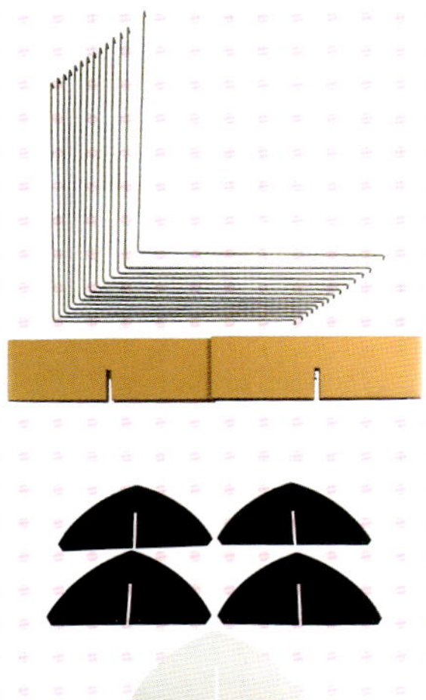

ユニリーバ・ジャパン
MATERIAL：紙類

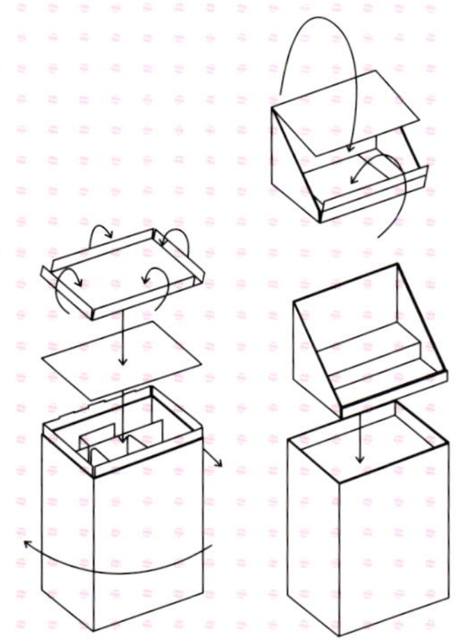

松下電器産業
MATERIAL : 紙類・金属・スチレン
W 2700 × H 2400 × D 900

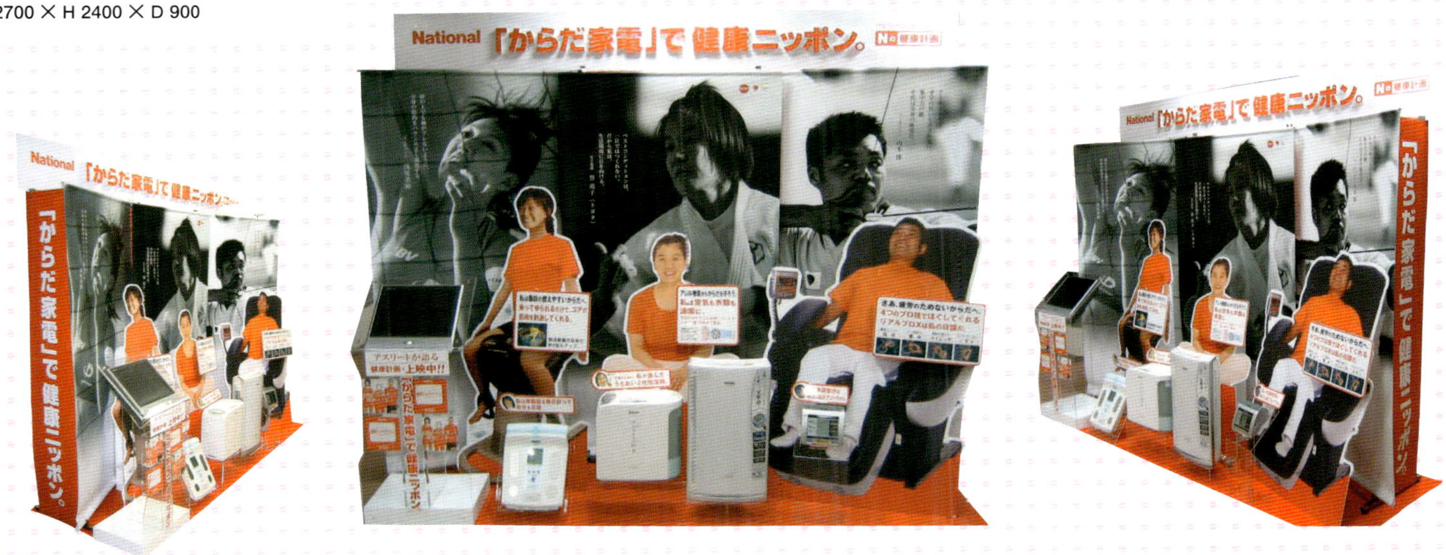

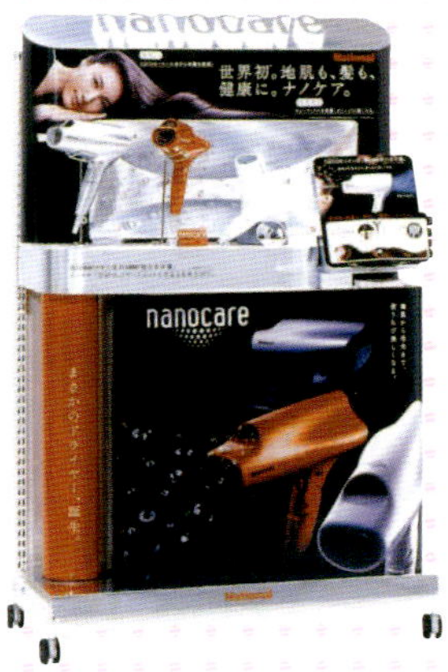

松下電器産業
A & P : 美工
MATERIAL : 紙類
W 900 × H 1500 × D 450

松下電器産業
A & P : 美工
MATERIAL : 紙類
W 900 × H 1500 × D 450

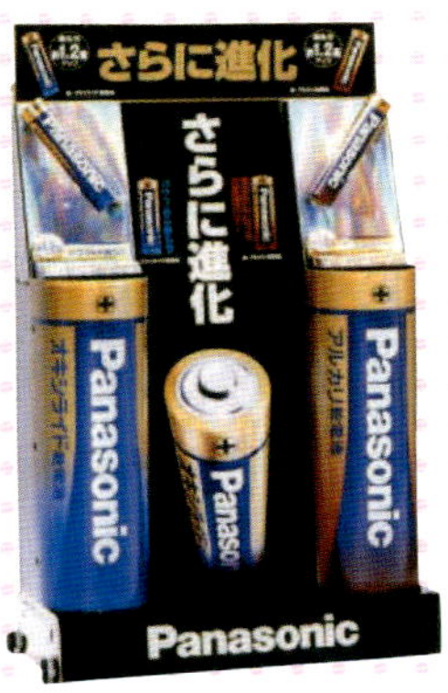

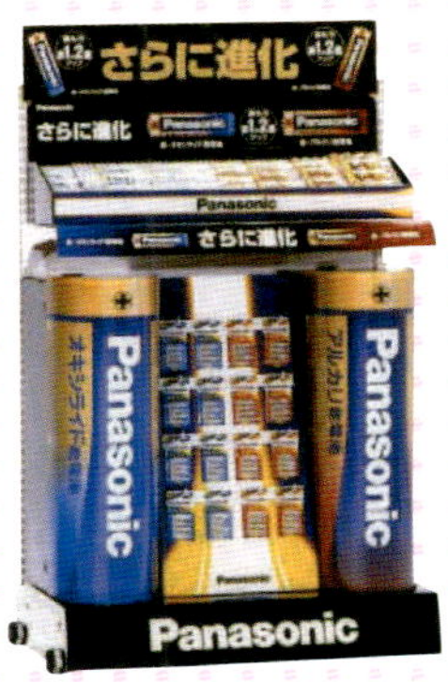

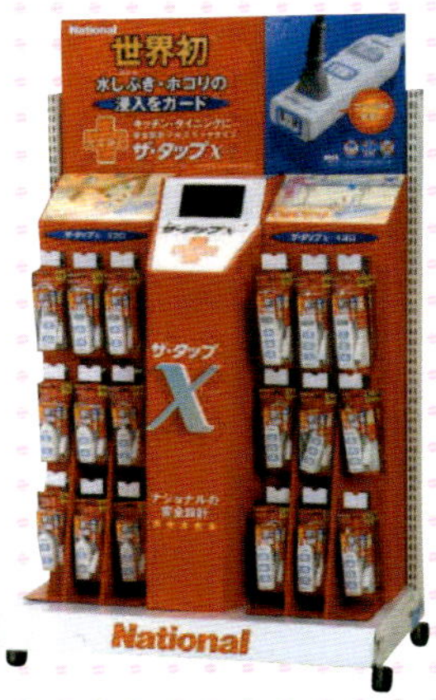

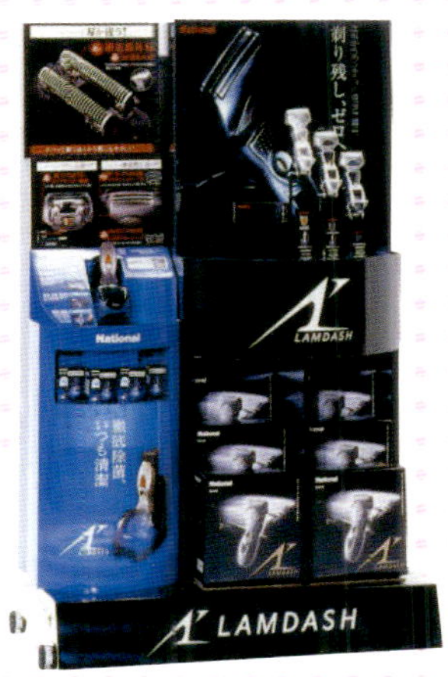

松下電器産業
A & P : 美工
MATERIAL : 紙類・段ボール・樹脂
W 900 × H 1500 × D 450

松下電器産業
A & P : 美工
MATERIAL : 紙類・段ボール
W 900 × H 1500 × D 500

松下電器産業
A & P : 美工
MATERIAL : 段ボール
W 900 × H 1600 × D 400

トリンプ・インターナショナル・ジャパン
MATERIAL : 紙類
W 300 × H 1000 × D 300

トリンプ・インターナショナル・ジャパン
MATERIAL : 紙類・プラスチック
W 320 × H 800 × D 320

トリンプ・インターナショナル・ジャパン
MATERIAL : プラスチック
W 285 × H 600 × D 285

トリンプ・インターナショナル・ジャパン
MATERIAL : 布

トリンプ・インターナショナル・ジャパン
MATERIAL：紙類
W 145 × H 740 × D 145

トリンプ・インターナショナル・ジャパン
MATERIAL：紙類

トリンプ・インターナショナル・ジャパン
MATERIAL：紙類
W 450 × H 1230 × D 300

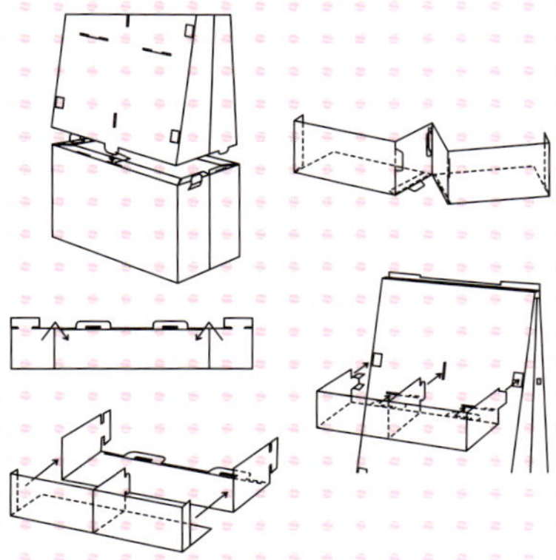

トリンプ・インターナショナル・ジャパン
MATERIAL：紙類
W 345 × H 1210 × D 345

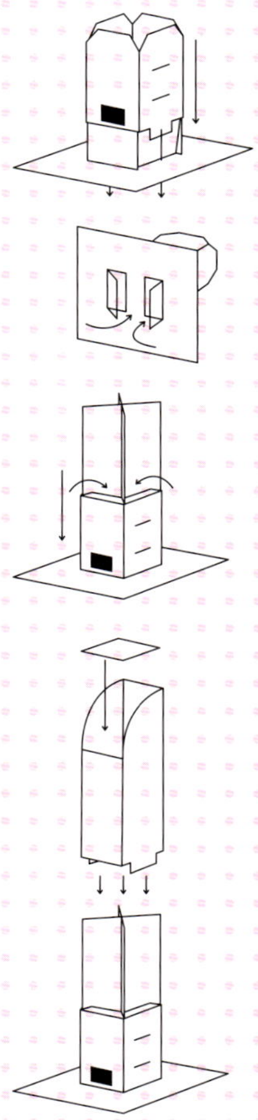

トリンプ・インターナショナル・ジャパン
MATERIAL : 紙類
W 250 × H 900 × D 250

東京ガス
MATERIAL : 塩化ビニール
W 500 × H 1300 × D 450

京楽産業.
©ひばりプロダクション
A & P : 三洋紙業
MATERIAL : 紙類
W 1200 × H 2280 × D 200

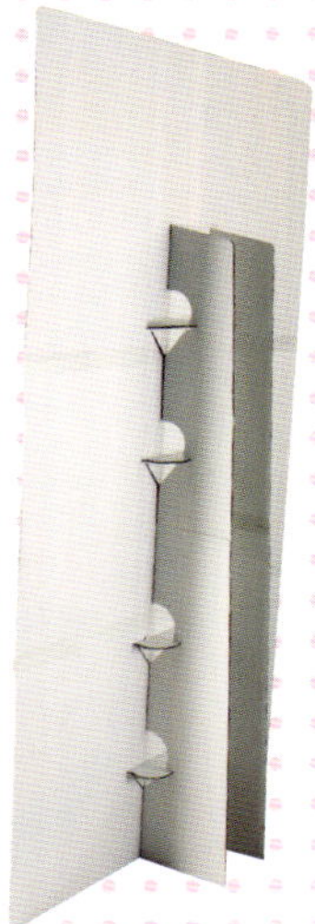

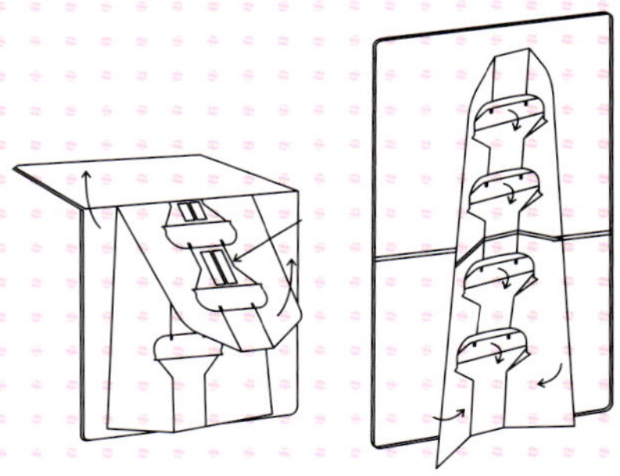

京楽産業.
© Jaws is a trademark and copyright of Universal Studios.
Licensed by Universal Studios Licensing LLLP. All rights reserved.
A & P : 三洋紙業
MATERIAL : 紙類
W 1220 × H 2200 × D 200

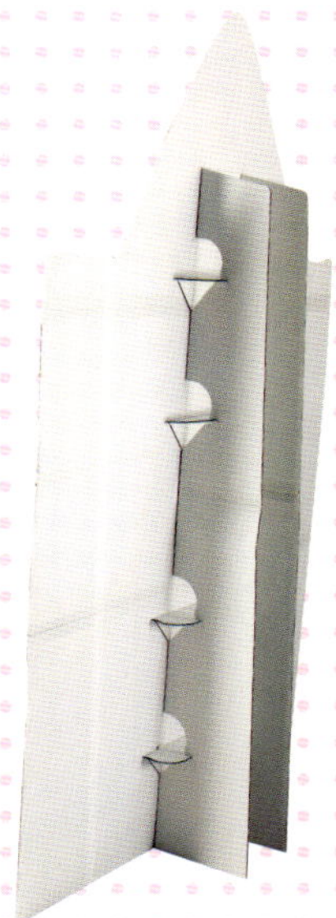

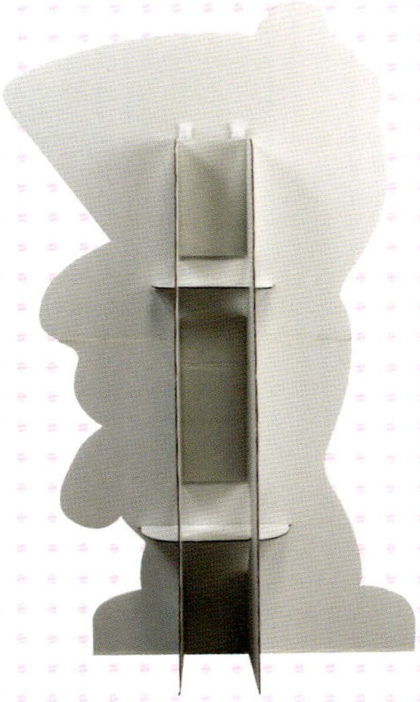

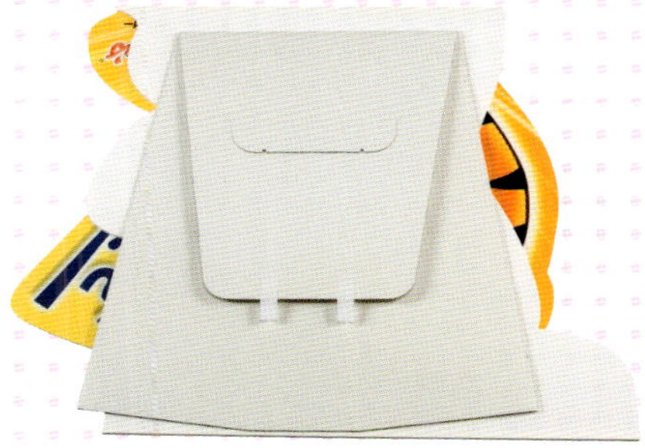

日本ケロッグ
A & P : 味の素コミュニケーションズ
MATERIAL : 紙類
W 800 × H 1500 × D 250

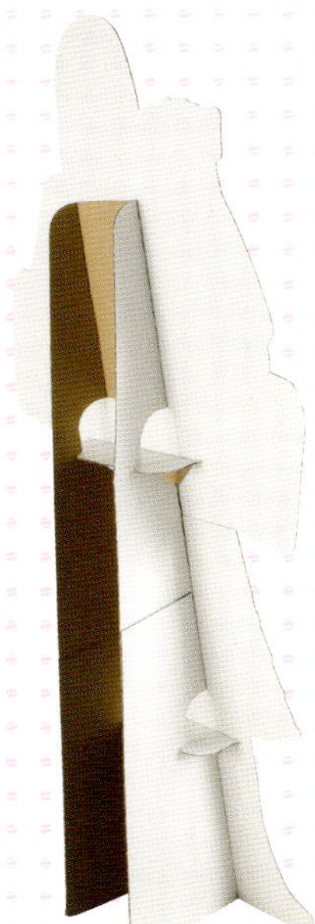

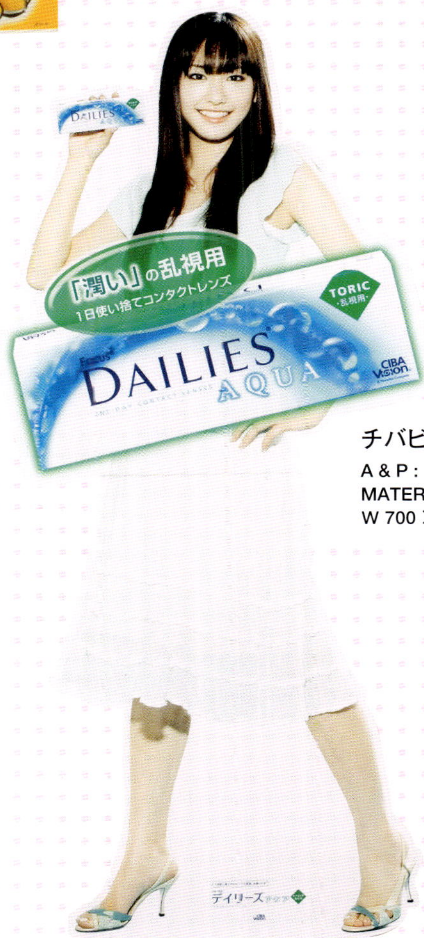

チバビジョン
A & P : ディージー・アンド・アイベックス
MATERIAL : 紙類・ボール紙
W 700 × H 1685 × D 315

アース製薬
A＆P：電通

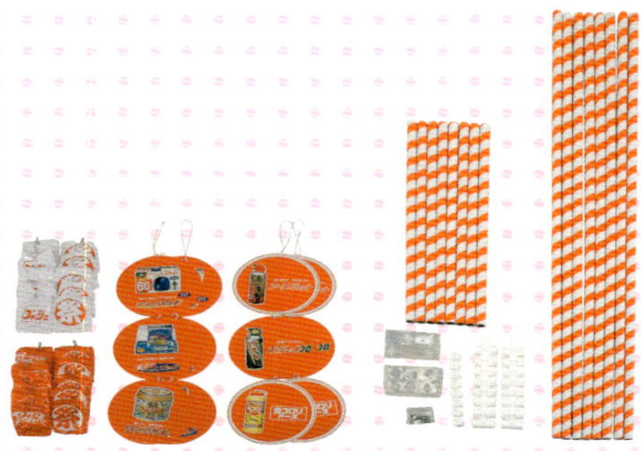

ボルボ・カーズ・ジャパン
A & P : ビコーズ
MATERIAL : 木材
W 810 × H 1300 × D 700

日立製作所
A & P : 日立ハイプラン
MATERIAL : 布・鉄
W 1400 × H 1700～2200 × D 450

ヨネックス

A & P : ヴァンクラフト / ワヨー
MATERIAL : 紙類・合紙・プラスチック
W 400 × H 1480 × D 400

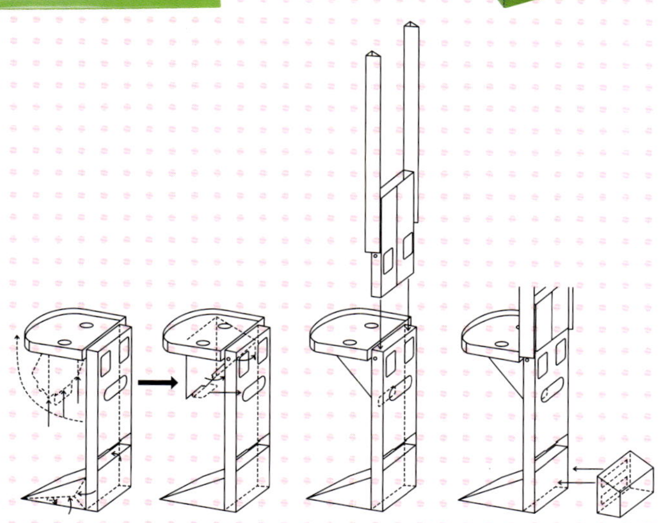

タカラトミー

A & P : クリエイティブステージ
MATERIAL : 紙類

ソースネクスト
W 330 × H 1420 × D 400

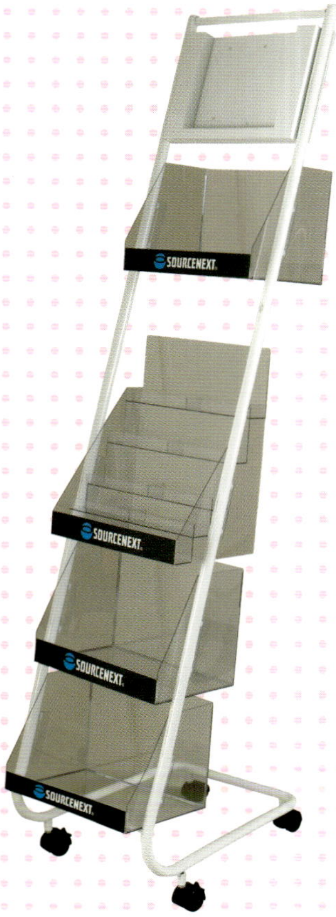

三菱鉛筆
A & P : アイポイント
MATERIAL : 紙・スチール
W 450 × H 1600 × D 380

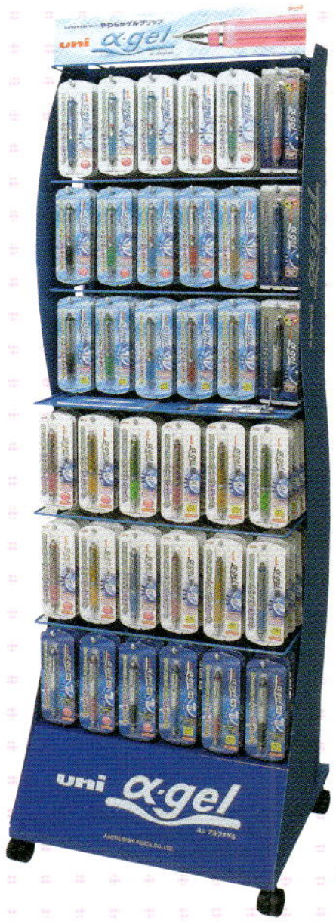

フェザー安全剃刀
A & P : ベストプロジェクト
MATERIAL : 紙類
W 340 × H 1600 × D 435

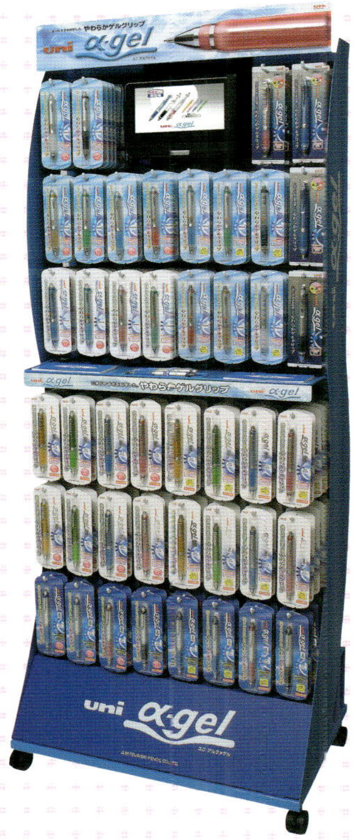

三菱鉛筆
A & P : アイポイント
MATERIAL : 紙・スチール
W 600 × H 1600 × D 380

チュンソフト
A & P : インターシティ
MATERIAL : 紙類・プラスチック
W 550 × H 1300 × D 300

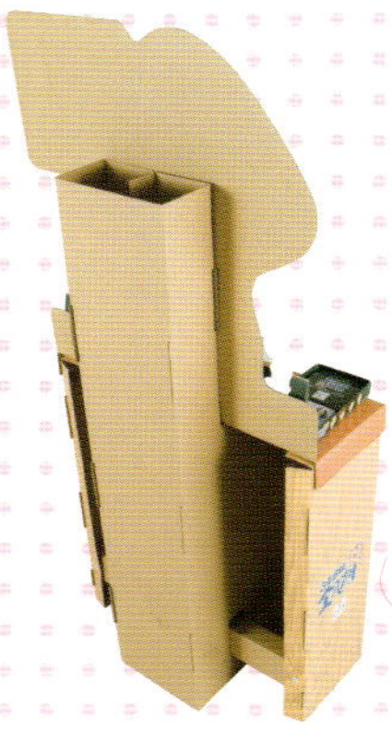

丸石サイクル
MATERIAL : スチレンボード
W 198 × H 841 × D 198

明祥印刷

W 2912 × H 2056 × D 24

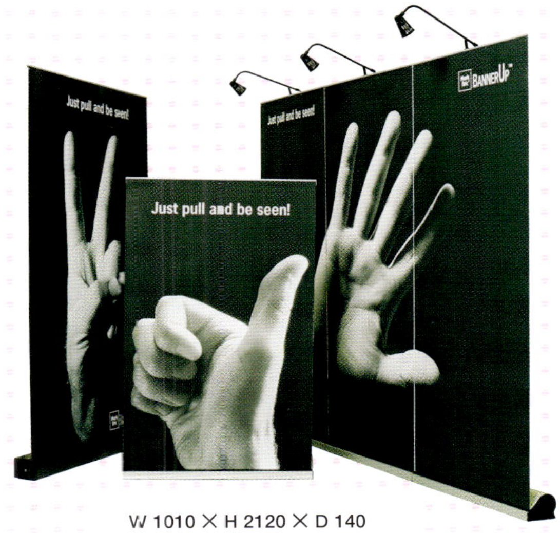

W 1010 × H 2120 × D 140

W 890 × H 2120 × D 140

W 2724 × H 2255 × D 320

W 2875 × H 2255 × D 840

MOVING & NEON P.O.P.

東京ガス

MATERIAL : 紙類

W 118 × H 150 × D 55

ソニー・コンピュータエンタテインメント
A & P : ソニー・ミュージックコミュニケーションズ
MATERIAL : 紙類・ソーラーパネル
W 140 × H 227 × D 300

明祥印刷
MATERIAL : 紙類・ABS樹脂・PS
W 216 × H 225 × D 64

明祥印刷
MATERIAL : 紙類・ABS樹脂・PS
W 250 × H 360 × D 35

武田薬品工業

A & P：中央宣興
MATERIAL：紙類
W 370 × H 270 × D 74

アース製薬

A & P : 凡美社
MATERIAL : 紙類・合紙・PET・金属
W 300 × H 400 × D 200

象印マホービン

A & P : 大日本印刷
MATERIAL : 紙類・スチレンボード
W 470 × H 600 × D 80

アルテックジャパン
MATERIAL : 布・金属
W 1600φ × H 2000

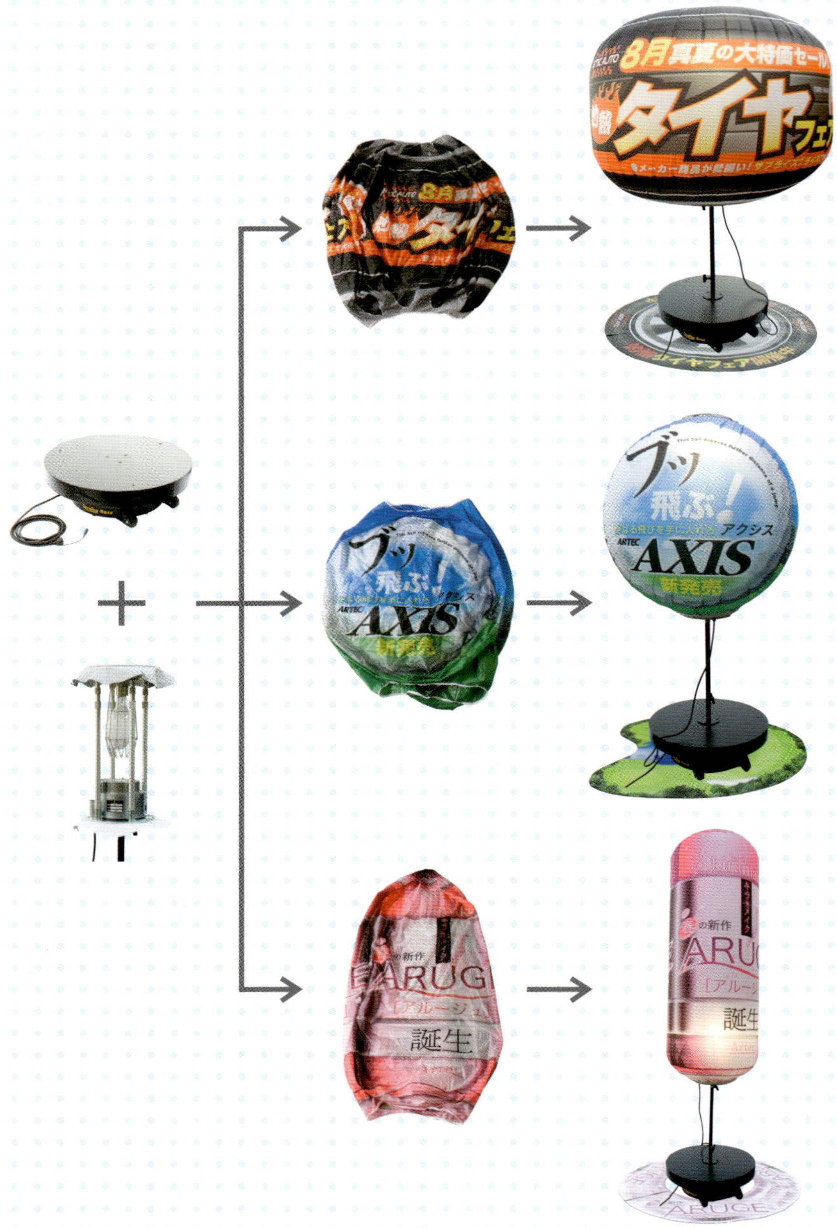

アルテックジャパン
MATERIAL : 布・金属
W 1200 × H 2450 × D 800

アルテックジャパン
MATERIAL : 布・金属
W 800φ × H 3200

NTTドコモ

A & P : NTTアド
MATERIAL : 紙類・PET
W 325 × H 320 × D 170

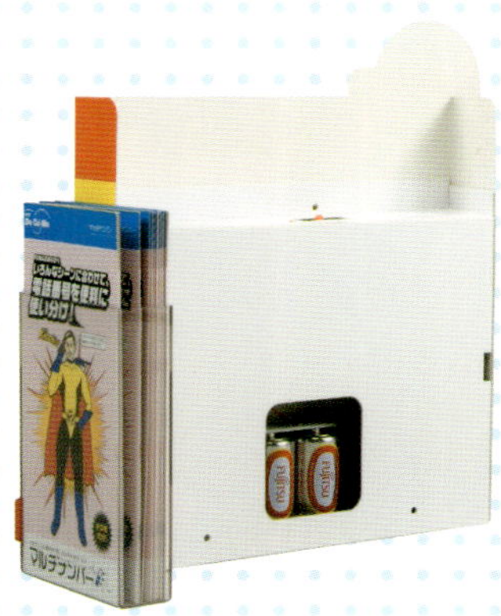

東京吉岡
MATERIAL : 紙類・LED
W 220 × H 600 × D 250

東京吉岡
MATERIAL : アクリル・金属・LED
W 275 × H 375 × D 235

日立製作所

A & P : 日立ハイプラン
MATERIAL : 紙・アクリル
W 700 × H 600 × D 250

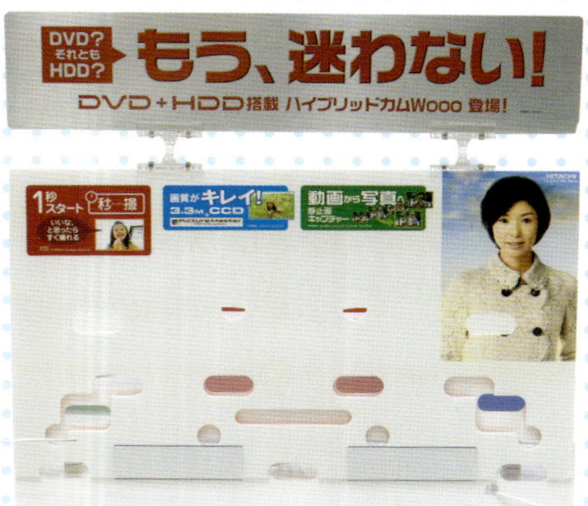

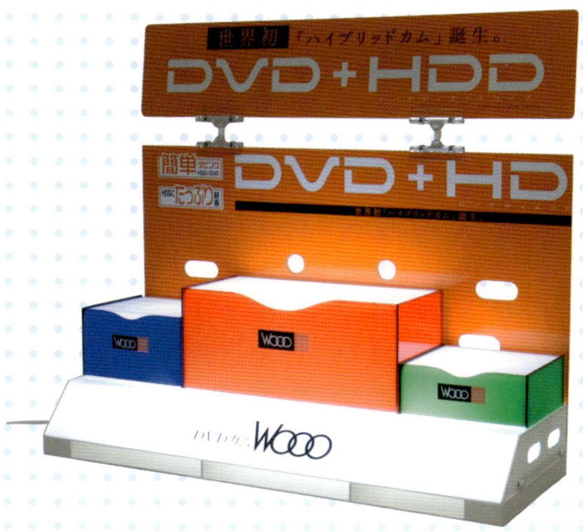

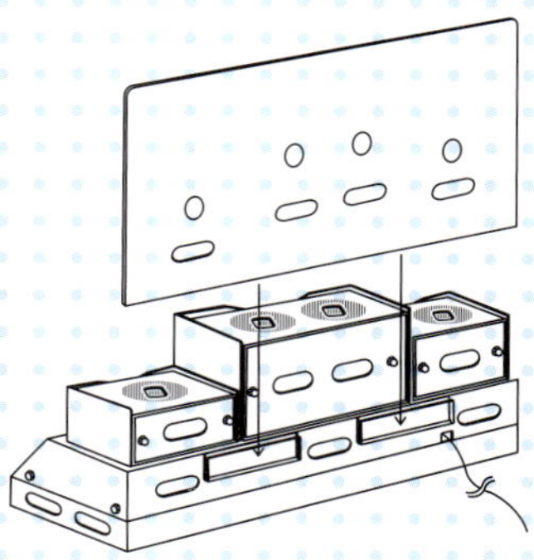

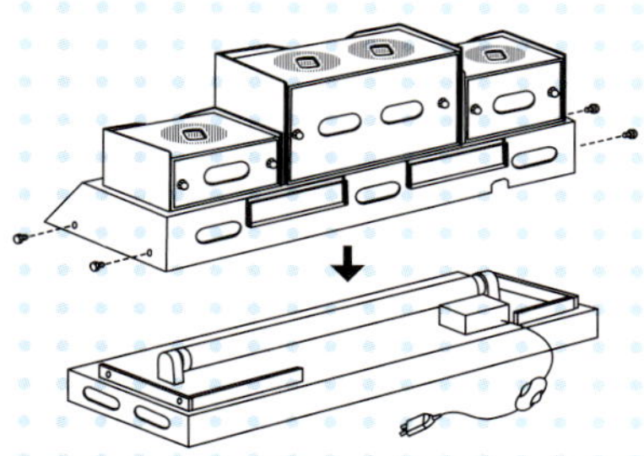

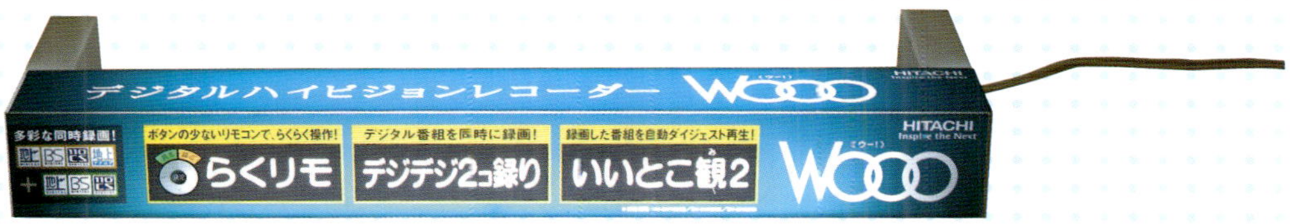

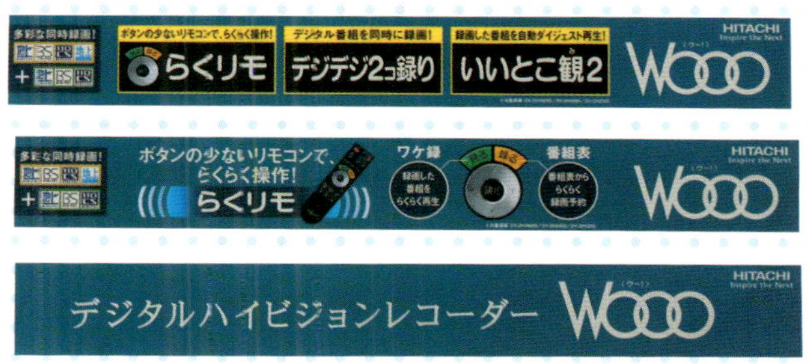

日立製作所

A & P : 日立ハイプラン
MATERIAL : アクリル・PET
W 150 × H 60 × D 60

HANGING P.O.P.

エスエス製薬
A & P : 大日本印刷
MATERIAL : 紙類・合紙
W 185 × H 360 × D 108

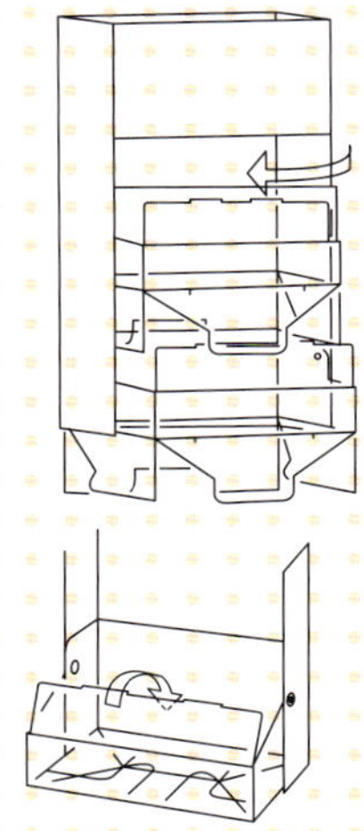

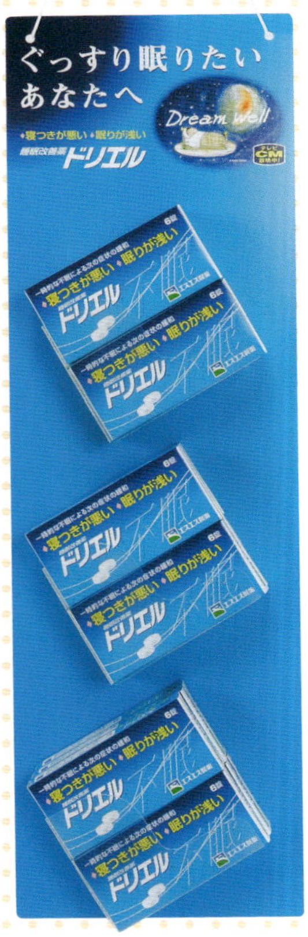

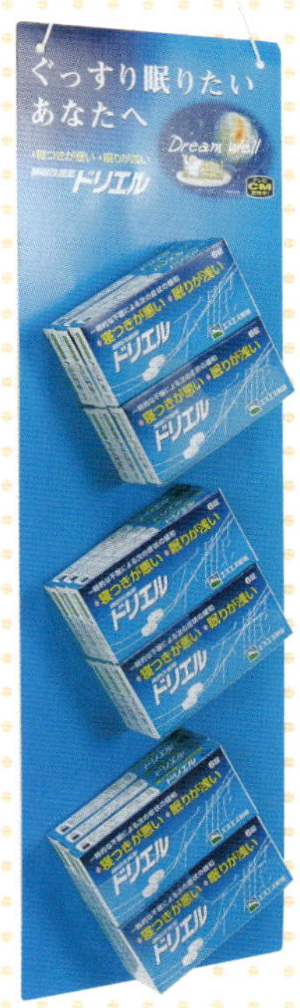

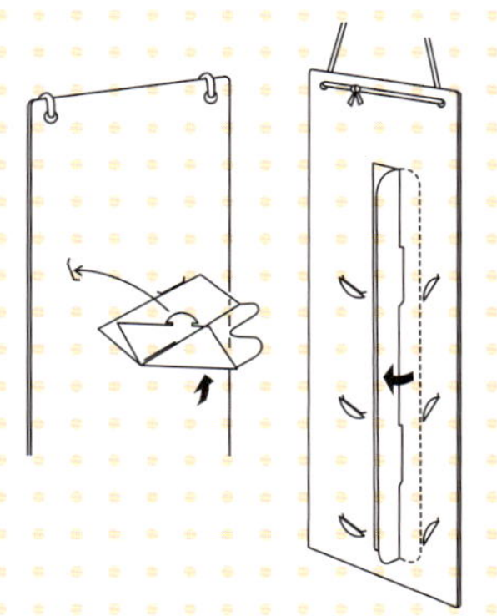

エスエス製薬
A & P : 大日本印刷
MATERIAL : 紙類・合紙
W 160 × H 500 × D 75

トンボ鉛筆
A & P : マスパック
MATERIAL : 紙類
W 900 × H 200 × D 110

佐藤製薬
A & P : ニットー
MATERIAL : 紙類・合紙
W 150 × H 320 × D 90

大正製薬
A & P : 大日本印刷
MATERIAL : 紙類・塩化ビニール
W 690 × H 820 × D 120

エステー化学
A & P : フィード
MATERIAL : 紙類・他

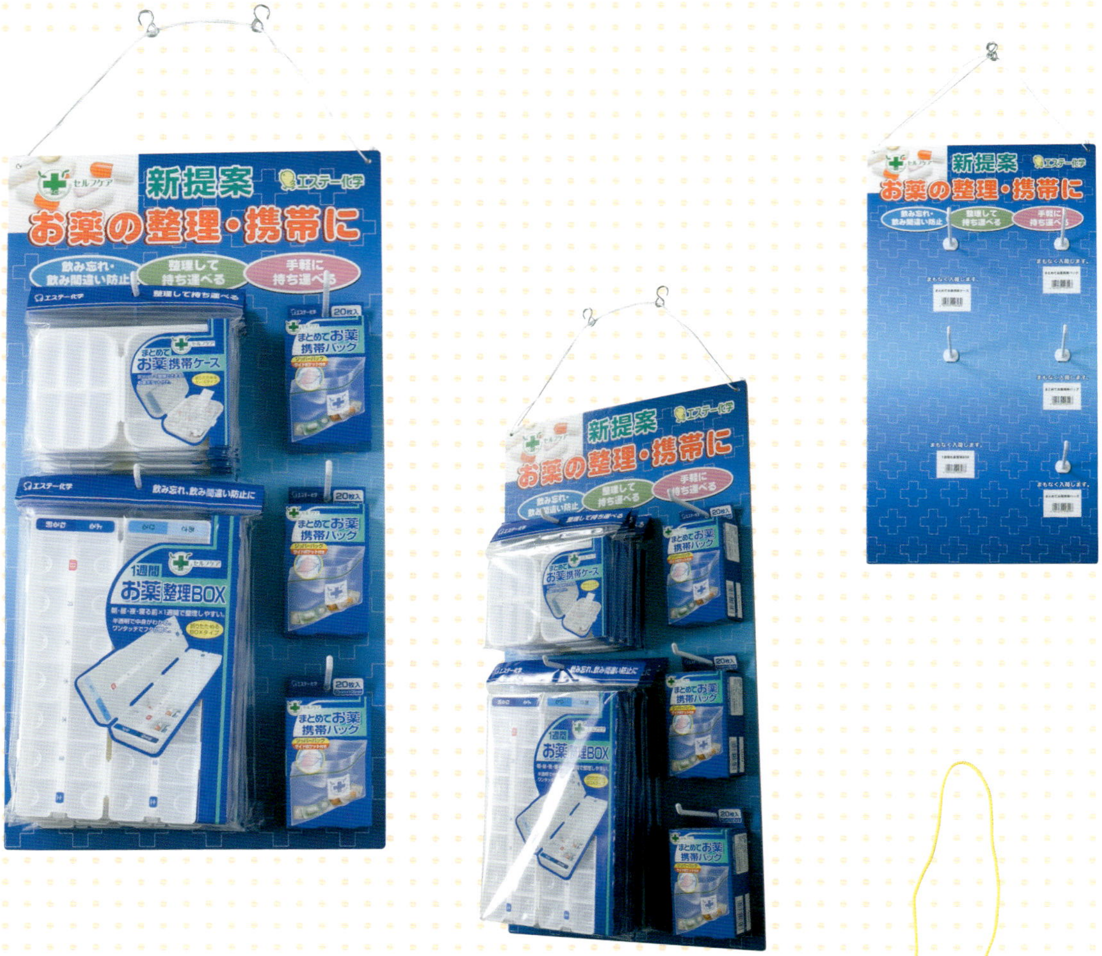

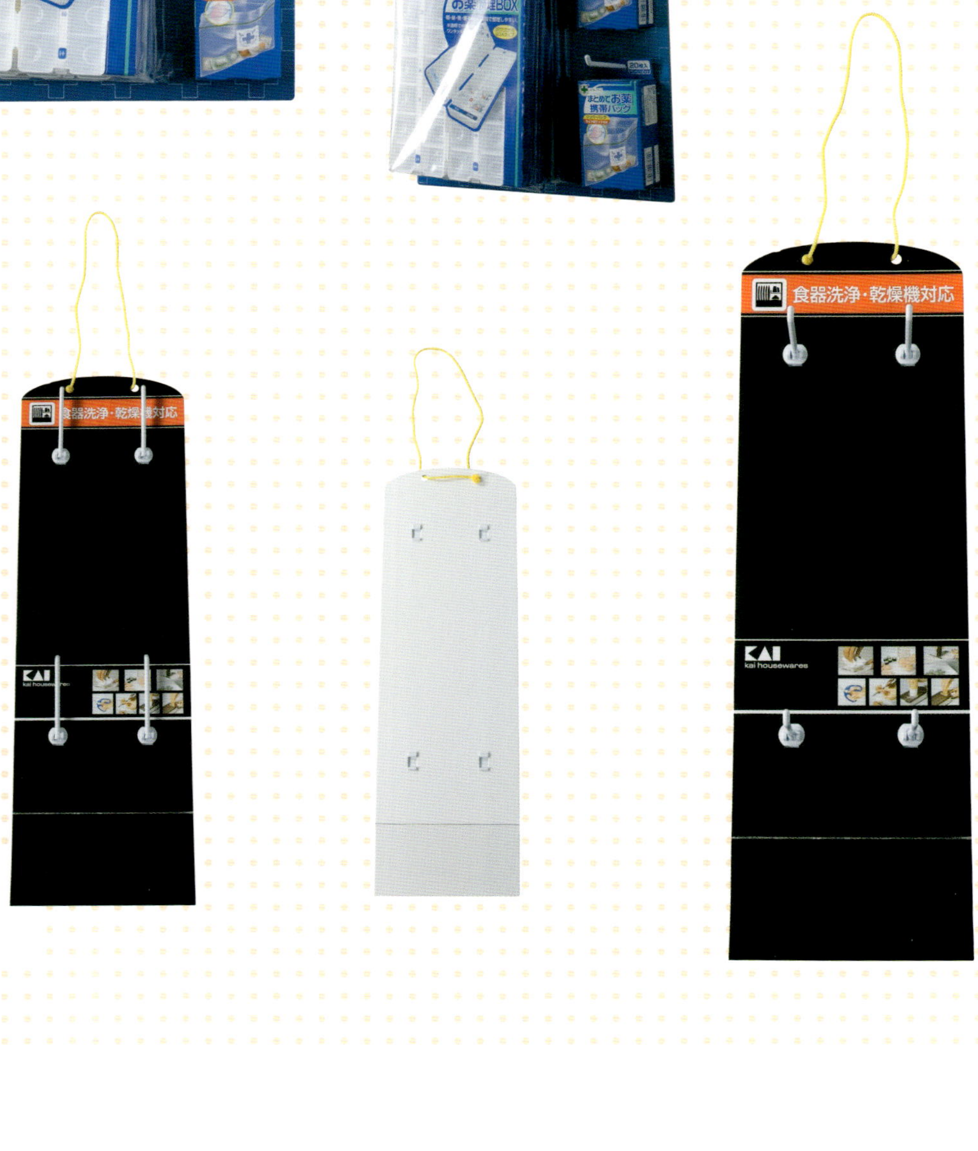

貝印
MATERIAL : 紙類
W 200 × H 635

フェザー安全剃刀
MATERIAL : 紙類

大鵬薬品工業
A & P : 日本写真印刷
MATERIAL : 紙類・合紙
W 230 × H 345 × D 30

貝印
MATERIAL : 紙類
W 455 × H 305

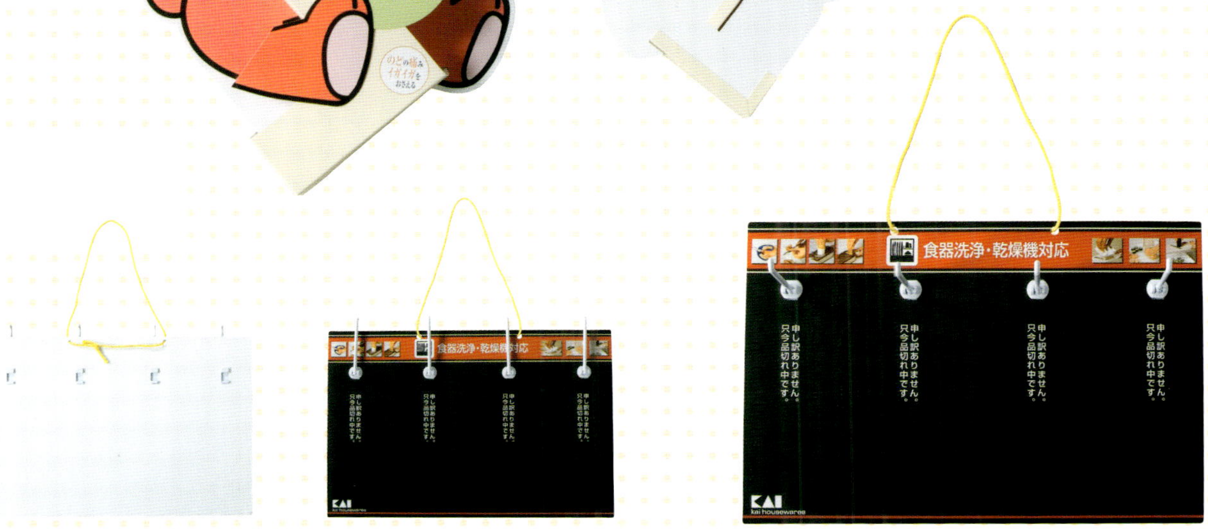

森下仁丹
A & P：キッド
MATERIAL：紙類・プラスチック
W 225 × H 530 × D 100

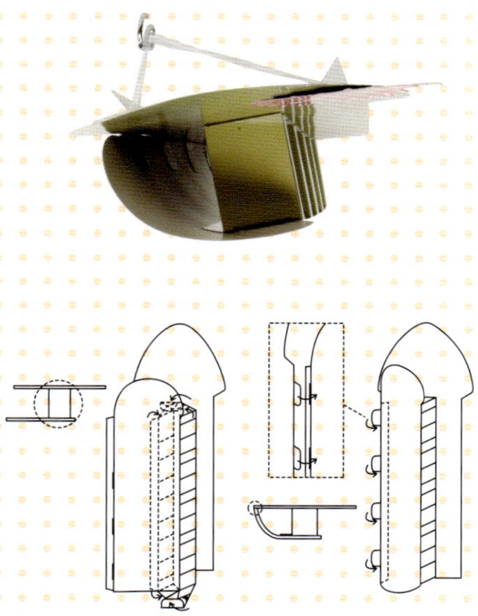

オカモト
MATERIAL：紙類
W 200 × H 700 × D 85

オムロン ヘルスケア

A & P : 読売広告社
MATERIAL : 紙類
W 150 × H 500 × D 100

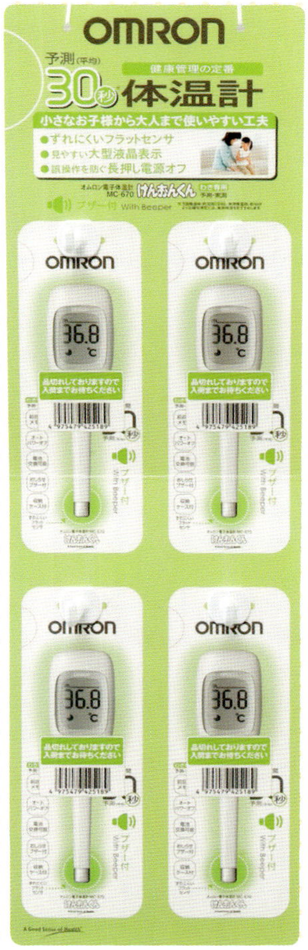

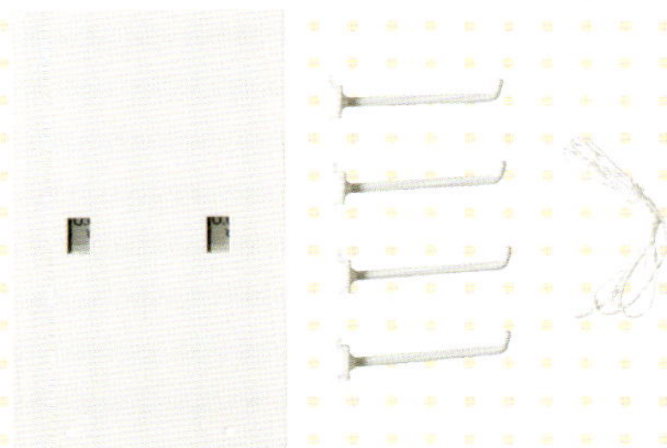

クレハ

A & P : マスパック
MATERIAL : 紙類・ナイロン
W 320 × H 320 × D 90

バンダイナムコゲームス

A & P :インタープレイ
MATERIAL : 紙類
W 495 × H 350

バンダイナムコゲームス

A & P : トライボール
MATERIAL : 紙類
W 580 × H 215 × D 20

NECライティング
A & P : アルファ企画
MATERIAL : 紙類
W 115 × H 150 × D 115

NECライティング
A & P : アルファ企画
MATERIAL : 紙類
W 100 × H 120 × D 100

NECライティング
A & P : アルファ企画
MATERIAL : 紙類
W 100 × H 120 × D 100

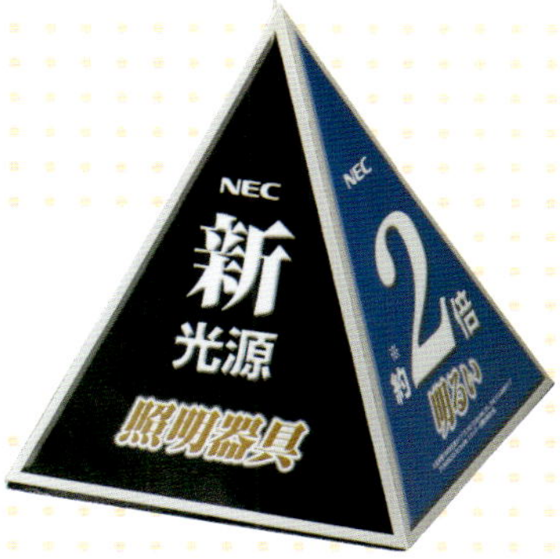

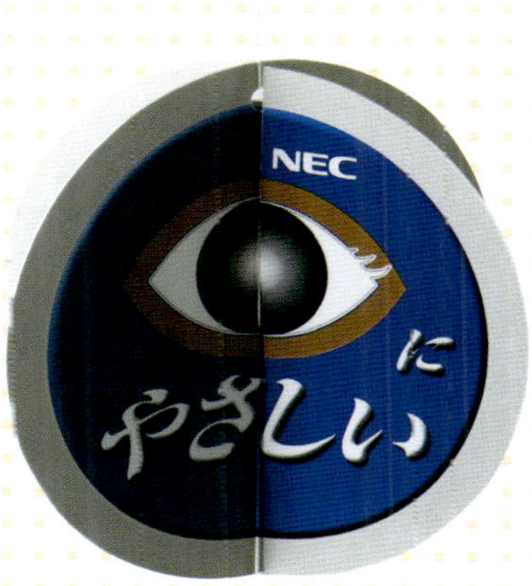

NECライティング
A & P : アルファ企画
MATERIAL : 紙類
W 130 × H 130 × D 130

NECライティング
A & P : アルファ企画
MATERIAL : 紙類
W 135 × H 400 × D 135

NECライティング
A & P : アルファ企画
MATERIAL : 紙類
W 155 × H 135

NECライティング
A & P : アルファ企画
MATERIAL : 紙類
W 155 × H 135

アース製薬

A & P : 電通
MATERIAL : 紙類・合紙・PET・塩化ビニール
W 600 × H 600 × D 300

カバヤ食品

A & P : 自社
MATERIAL : 紙類
W 200 × H 520 × D 70

エスエスケイ

A & P : イシイ
MATERIAL : 紙類
W 257 × H 390 × D 15

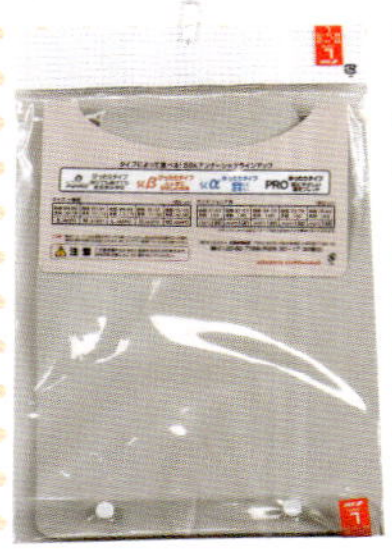

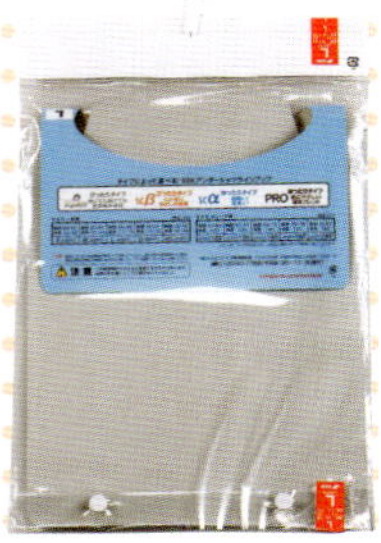

三菱鉛筆

A & P：アイポイント
MATERIAL：塩化ビニール
W 1200 × H 150 × D 40

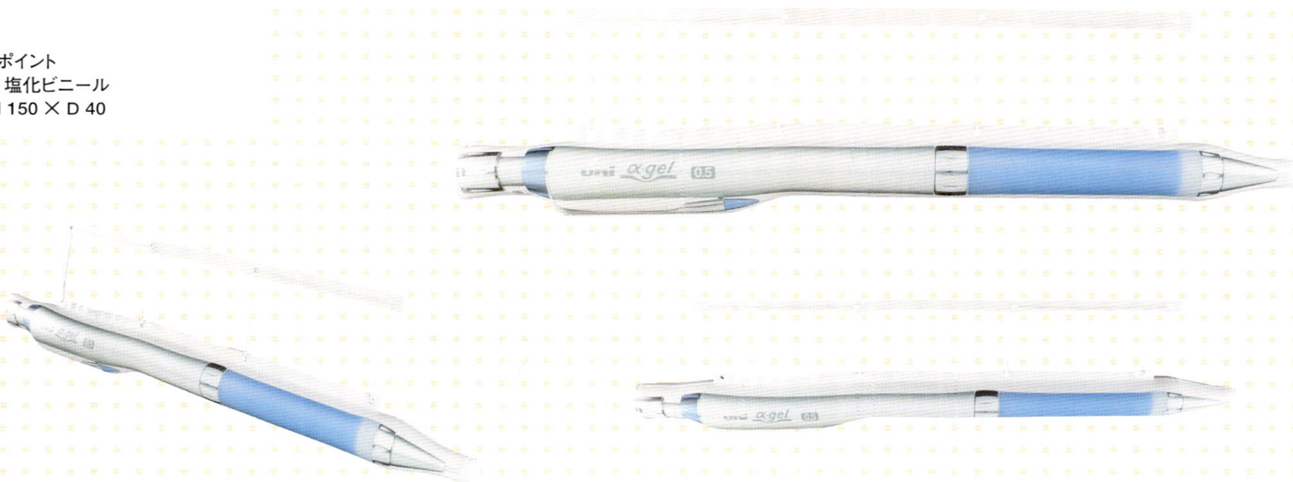

セメダイン

MATERIAL：塩化ビニール
W 1100 × H 300 × D 300

セメダイン

MATERIAL：塩化ビニール
W 300 × H 600 × D 200

ジョンソン・エンド・ジョンソン
ビジョンケアカンパニー
MATERIAL : 紙類・塩化ビニール
W 565 × H 1000 × D 130

カネボウ化粧品
MATERIAL : 紙類・塩化ビニール
上:W 600 × D 450
下:W 100 × H 400 × D 100

ヨネックス

A & P : ヴァンクラフト / ワヨー
MATERIAL : 紙類・合紙
W 825 × H 360 × D 90

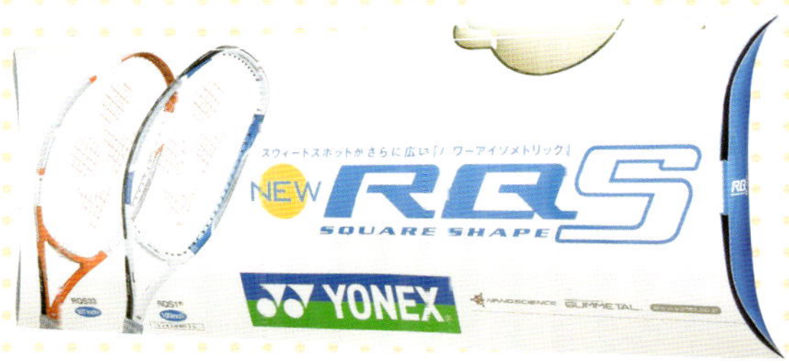

カネボウ化粧品

MATERIAL : 紙類
W 200 × H 825

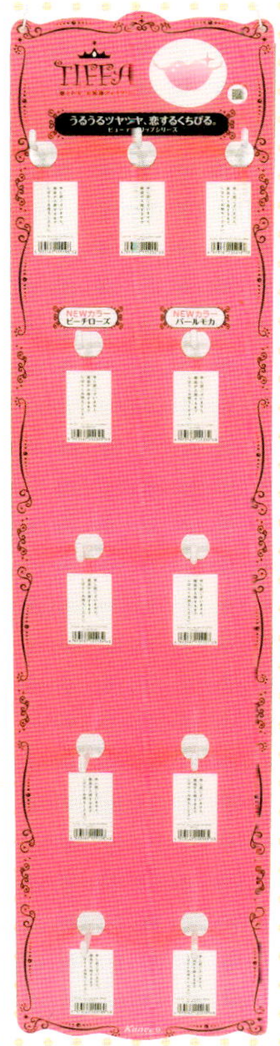

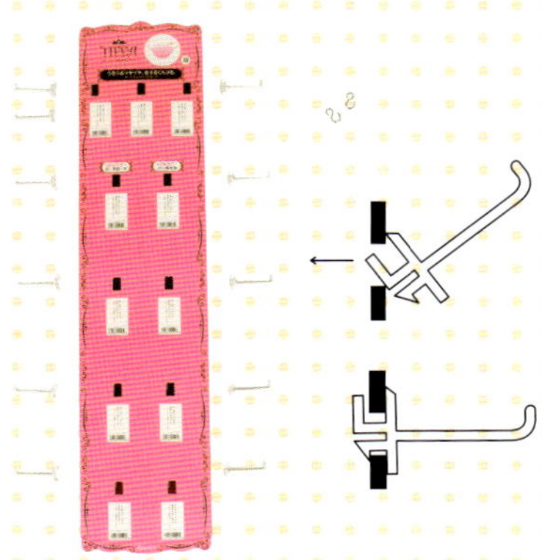

カネボウ化粧品

MATERIAL : 紙類
W 160 × H 690

ボルボ・カーズ・ジャパン
A & P : ピコーズ
MATERIAL : 布・金属
W 855 × H 2330 × D 200

フレンテ・インターナショナル
MATERIAL : 紙類・プラスチック
W 110 × H 450 × D 450

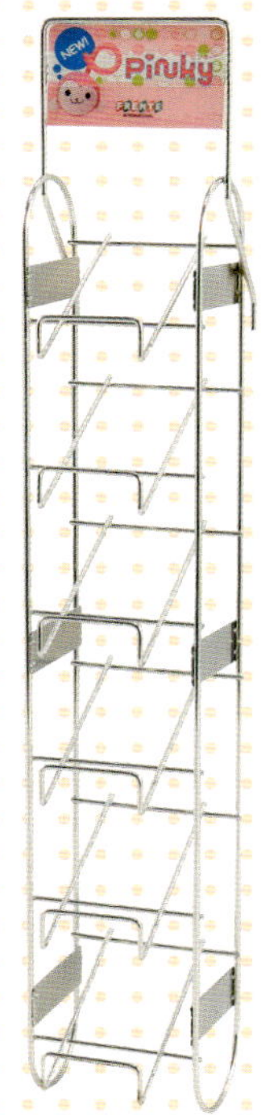

フレンテ・インターナショナル
MATERIAL : 紙類・金属
W 110 × H 750 × D 120

エバラ食品工業
A & P : 横浜エージェンシー
MATERIAL : 布
W 900 × H 1100

第一興商
MATERIAL : 布
W 730 × H 1060

アップリカ葛西
A & P : 東京吉岡
MATERIAL : 布

アップリカ葛西
A & P : 光進
MATERIAL : 布
W 1000 × H 1200

丸石サイクル
W 290 × H 330

SWING & OTHERS

P.O.P.

フレンテ・インターナショナル
MATERIAL : 紙類

大塚ベバレジ
W 70 × H 95

エバラ食品工業
A & P : 横浜エージェンシー
MATERIAL : 紙類
W 100 × H 85

ユニリーバ・ジャパン
MATERIAL : 紙類
W 140 × H 90

フルタ製菓
MATERIAL : 紙類
W 80 × H 133

江崎グリコ
A & P : ファースト
MATERIAL : 紙類
W 105 × H 170

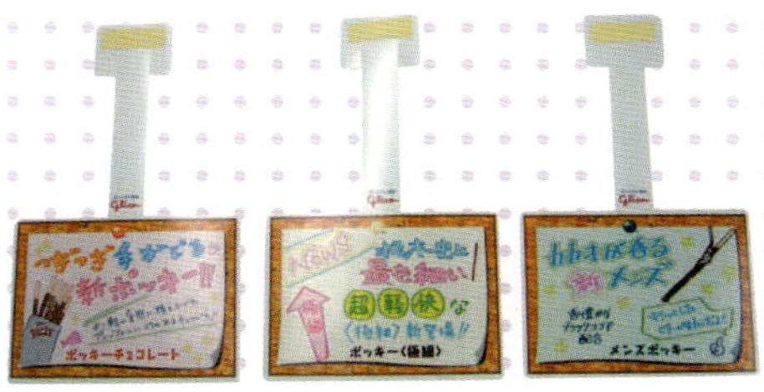

アース製薬
MATERIAL : 紙類

アース製薬
MATERIAL : 紙類

森下仁丹
A & P : キッド
MATERIAL : PET
W 100 × H 210

日立製作所
A & P : 日立ハイプラン
MATERIAL : 紙
W 100 × H 60

日立製作所
A & P : 日立ハイプラン
MATERIAL : 紙
W 30 × H 55

WOWOW
A & P : スタッフコミュニケイション
MATERIAL : 紙類
W 210 × H 220

WOWOW
A & P : スタッフコミュニケイション
MATERIAL : 紙類
W 80 × H 145

エクシング
A & P : T.P.C
W 110 × H 180

キヤノンマーケティングジャパン
A & P : 電通 / プラン
MATERIAL : 紙類
W 91 × H 168

ペンタックス
A & P : ミクプランニング
MATERIAL : 紙類

INAX
W 100 × H 100

三菱鉛筆
A & P : アイポイント
MATERIAL : 紙
W 70 × H 195

SPRジャパン
A & P : 自社
MATERIAL : 紙類
W 100 × H 155

サンスター
A & P : タナックス
MATERIAL : 紙類
W 100 × H 175

サンスター
A & P : タナックス
MATERIAL : 紙類
W 120 × H 180

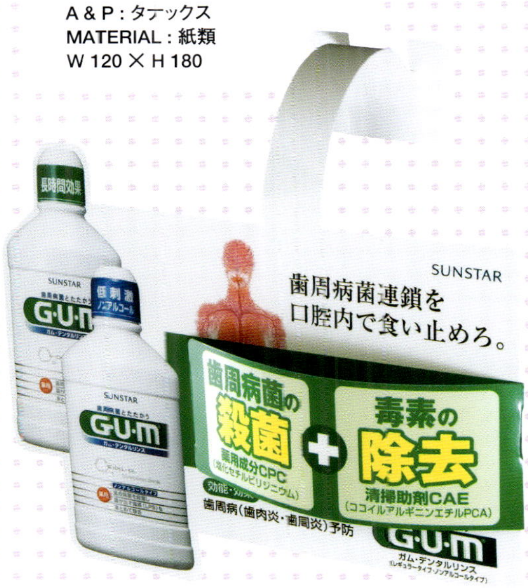

ギャガ・コミュニケーションズ
MATERIAL : 紙類
W 180 × H 130 × D 130

ギャガ・コミュニケーションズ
MATERIAL : 紙類
W 100 × H 100

アミューズソフトエンタテインメント
MATERIAL : プラスチック
W 120 × H 155

バンダイナムコゲームス
RIDGE RACER™7

A & P : SMC
MATERIAL : 紙類
W 145 × H 120

バンダイナムコゲームス

A & P : レイアップ / シナテック
MATERIAL : 紙類
W 115 × H 115

セガ

MATERIAL : 紙類

オカモト
MATERIAL : 紙類
W 125 × H 68 × D25

日本ケロッグ
A & P : 味の素コミュニケーションズ
MATERIAL : 紙類

第一興商
MATERIAL : 紙類

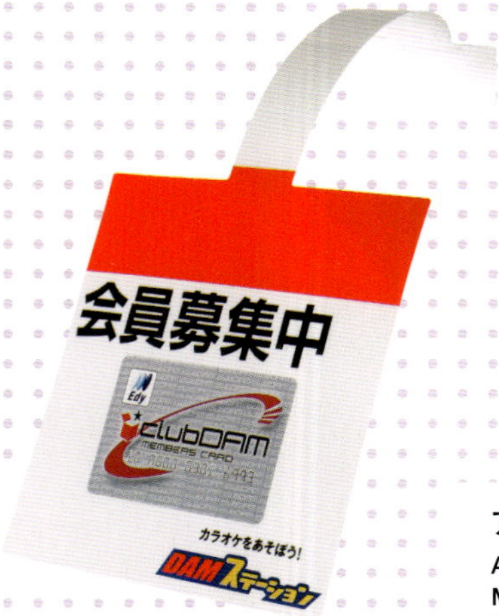

アップリカ葛西
A & P : 光進
MATERIAL : 紙類
W 90 × H 120

井村屋製菓
A & P : 井関産業
MATERIAL : 紙類
W 60 × H 120 × D 10

NECライティング
A & P：アルファ企画
MATERIAL：紙類

アップリカ葛西
MATERIAL：紙類・アクリル
W 900 × H 200 × D 15

ペンタックス
A＆P：トスマック
MATERIAL：紙類・樹脂・金属

サンスター
A＆P：タナックス
MATERIAL：紙類・アクリル

日立製作所
A＆P：日立ハイプラン
MATERIAL：紙類・アクリル

貝印
MATERIAL : 布
左：W 280 × H 700
右：W 280 × H 1200

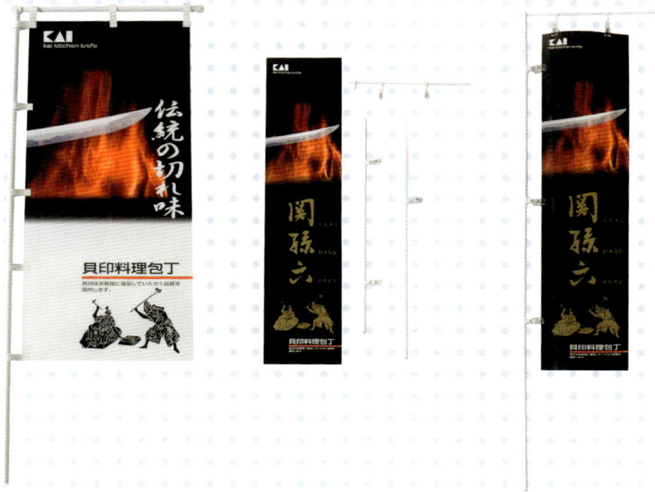

第一興商
MATERIAL : 布
W 750 × H 1750

東京ガス
MATERIAL : ナイロン
W 600 × H 1800

講談社
A & P : 千代田オフセット
MATERIAL : 紙類・ポリスチレン樹脂
W 800 × H 150

講談社
A & P : あさひ産業
MATERIAL : 紙類・ポリスチレン樹脂
W 80 × H 200

丸石サイクル
MATERIAL : 合紙
W 90 × H 240

NECライティング
A & P : アルファ企画
MATERIAL : 紙類

三菱鉛筆
A & P : アドギア
MATERIAL : 紙類
W 70 × H 100

ヨネックス
A & P : ヴァンクラフト
MATERIAL : 紙類
W 80 × H 80

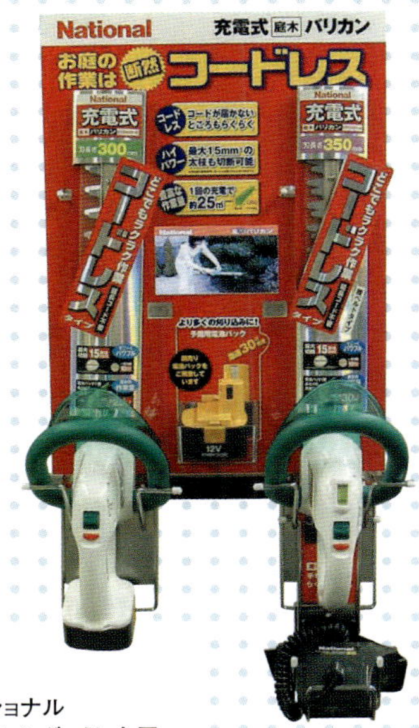

松下電器産業
A & P : スコープ・インターナショナル
MATERIAL : 紙類・PET・スチレンボード・金属
W 480 × H 600 × D 170

東洋ゴム工業
W 62 × H 57

ペンタックス

A & P : ミクプランニング
MATERIAL : 紙類

バンダイナムコゲームス

RIDGE RACER™7
© 2006 NAMCO BANDAI Games Inc.
© 創通エージェンシー・サンライズ
A & P : SMC
MATERIAL : 紙類

バンダイナムコゲームス

©NBGI
©GeoEye
©JAPAN SPACE IMAGING CORPORATION
All trademarks and copyrights associated with the manufacturers,aircraft,models,trade names,brands and visual images depicted in this game are the property of their respective owners,and used with such permissions.
A & P : インタープレイ
MATERIAL : 紙類

日立製作所

A & P：日立ハイプラン
MATERIAL：紙類

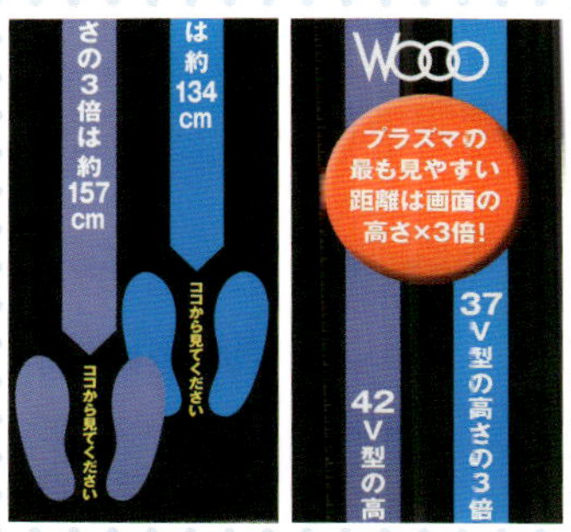

エースコック
A & P : ヤラカス舘
MATERIAL : ウッドラック
W 600 × H 300

表

裏

エースコック
A & P : ヤラカス舘
MATERIAL : ウッドラック
W 700 × H 300

日本ケロッグ
A & P : 味の素コミュニケーションズ
MATERIAL : 紙類

エバラ食品工業
A & P：横浜エージェンシー
MATERIAL：紙類
W 80 × H 80 × D15

エバラ食品工業
A & P：横浜エージェンシー
MATERIAL：紙類
W 100 × H 160 × D15

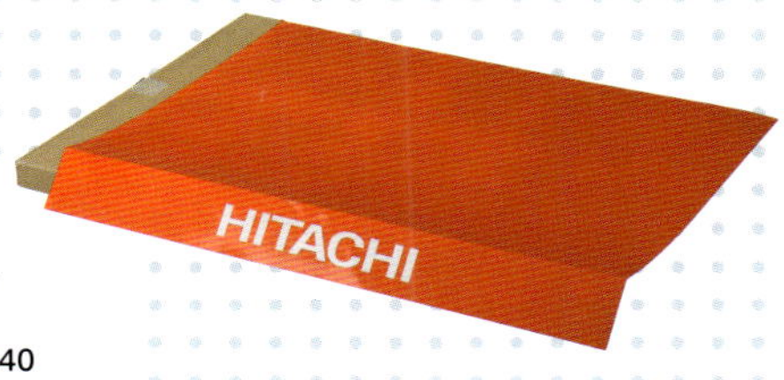

日立製作所
A & P：日立ハイプラン
MATERIAL：紙
W 900 × H 90 × D 640

日立製作所
A & P：日立ハイプラン
MATERIAL：鉄・布

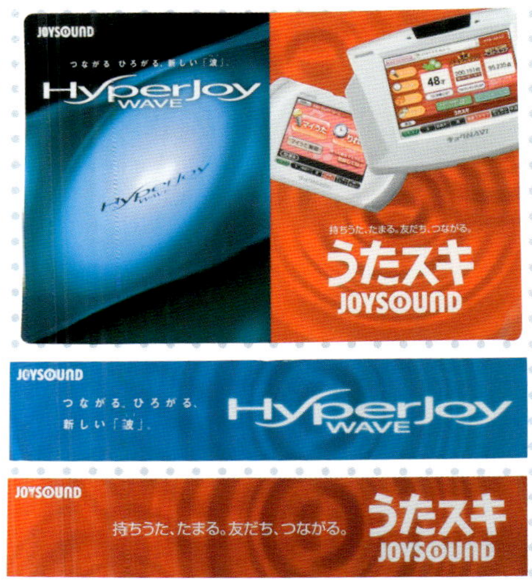

エクシング
A & P：T.P.C
MATERIAL：紙類
W 257 × H 390 × D 15

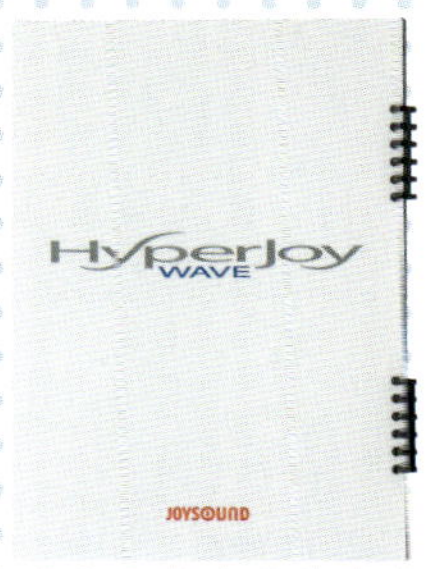

エクシング
A & P：T.P.C

タカラトミー
©TOMY
「トミカ」は株式会社タカラトミーの登録商標です。
A & P : 自社
MATERIAL : 紙類
W 875 × H 250

貝印
MATERIAL : 紙類
W 900 × H 200

ソースネクスト
MATERIAL : 紙類

貝印
MATERIAL : 紙類

アミューズソフトエンタテインメント

アップリカ葛西
A & P : デザインフォース
MATERIAL : 紙類

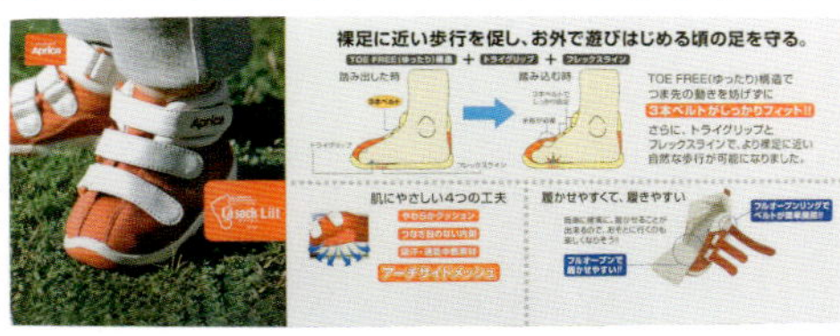

アップリカ葛西
A & P : 東京吉岡
MATERIAL : 紙類

コンビ
A & P : アド・キャブレター
MATERIAL : 紙類

ハンガーにかけるタイプです。

トリンプ・インターナショナル・ジャパン

トリンプ・インターナショナル・ジャパン

エックスグラマーをねらえ。
Triumph INTERNATIONAL
天使のブラ
着こなしパッド
天使のヒップ
おなかスッキリ、おしりキリリと立体感。
恋するヒップ
ピュアスキン
おなか&ヒップを
やさしくサポート。
SPRING/SUMMER 2006
恋するブラ
つけたてずっとフィット
SPRING/SUMMER 2006
Wish
ヴィヴィッシュ360°
肌みせ、かなう。
FALL/WINTER 2006
Wish
ヴィヴィッシュ360°
BON VOIR
ボン ヴォワール
FALL & WINTER 2006
天使のブラ
胸元に、
フラワー・クチュール。
The elegance
with flowers
on breasts.
天使のブラ
胸元に、
フラワー・クチュール。
天使のブラ
天使のブラ

トリンプ・インターナショナル・ジャパン

トリンプ・インターナショナル・ジャパン

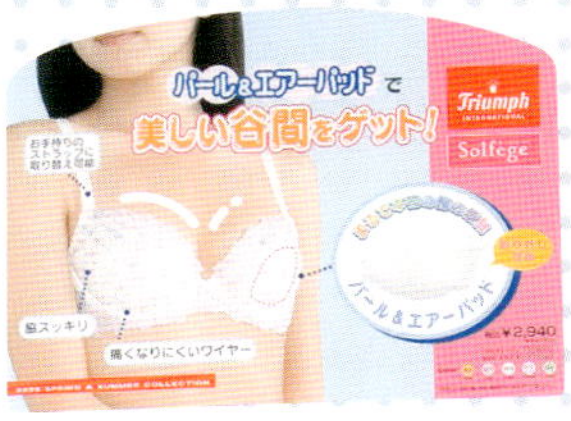

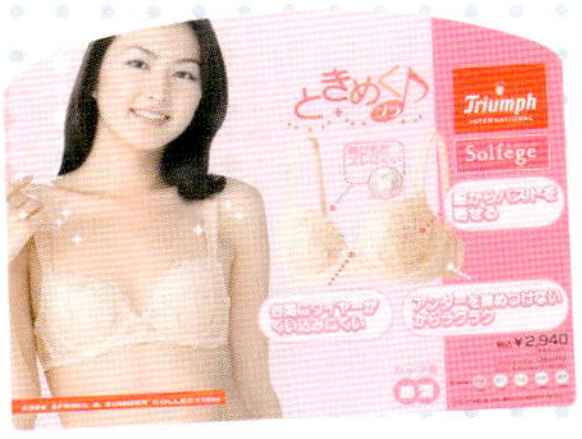

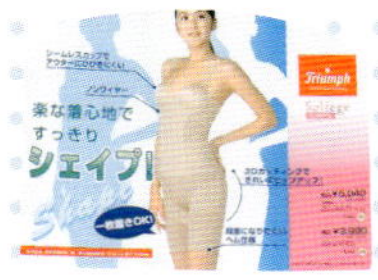

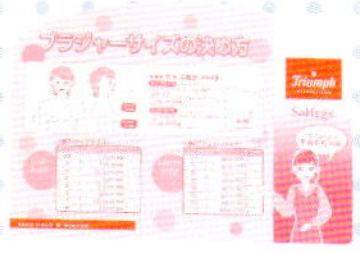

リズム時計工業
MATERIAL : 紙類
W 130 × H 230

リズム時計工業
MATERIAL : 紙類
W 130 × H 220

リズム時計工業
MATERIAL : 布
W 270 × H 600

片倉工業
MATERIAL : 紙類・ポリスチレン樹脂
W 210 × H 240

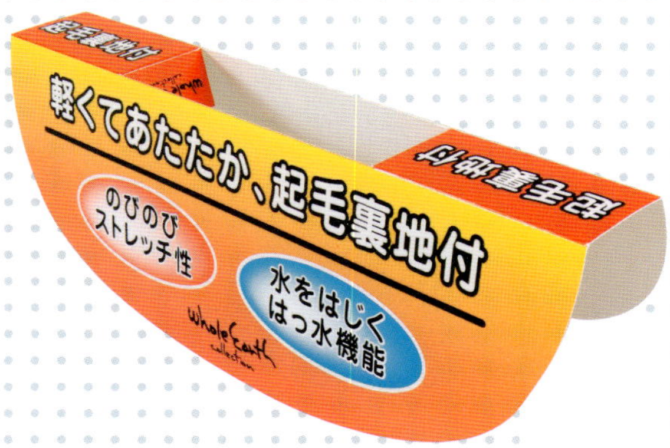

デサント
A & P : ブルドック
MATERIAL : 紙類
W 220 × H 80 × D 30

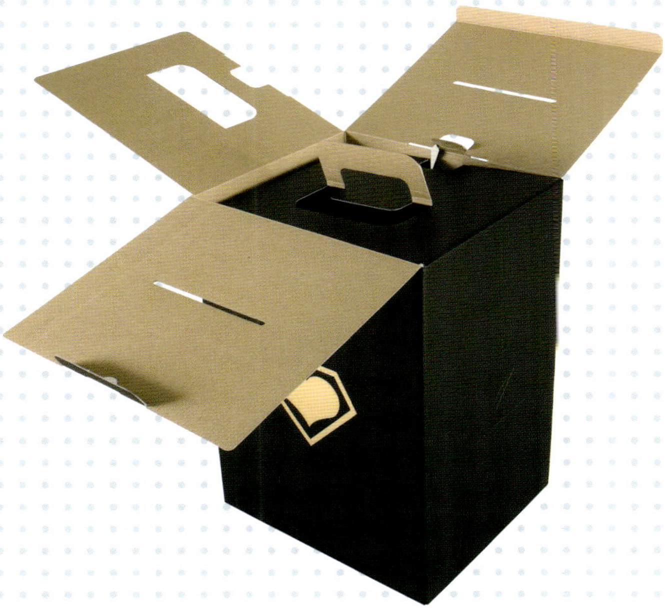

マルヨシ

A & P : 東京吉岡
MATERIAL : 紙類
W 275 × H 375 × D 235

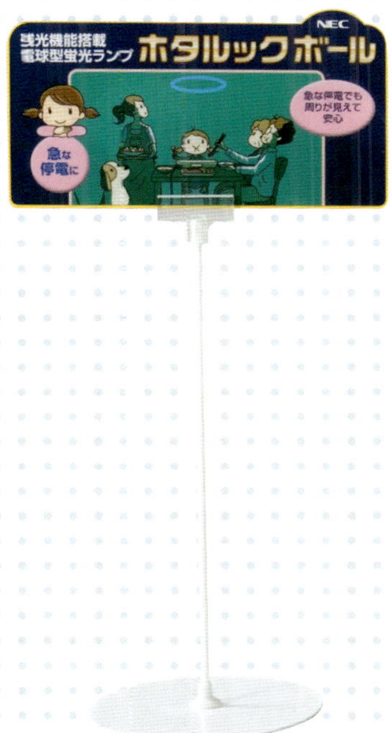

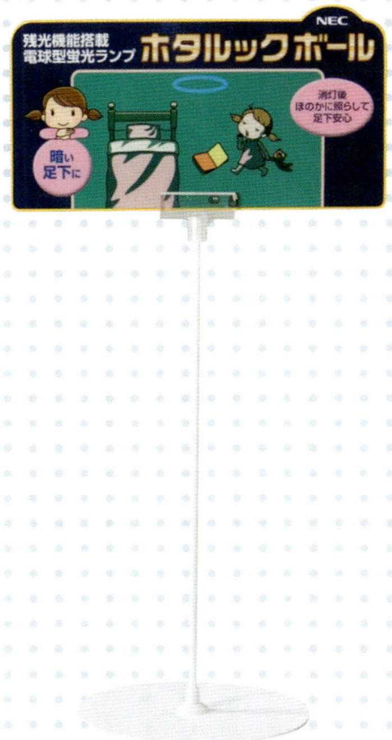

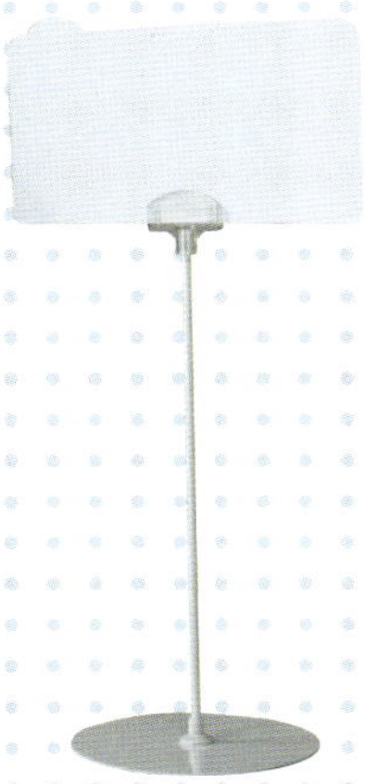

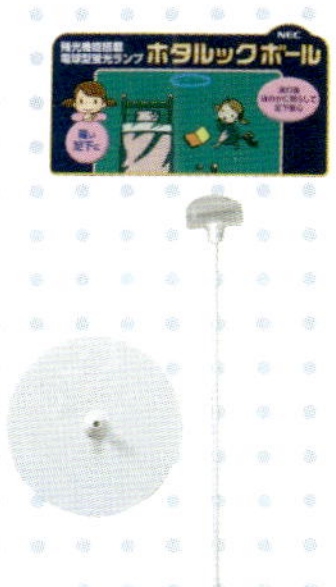

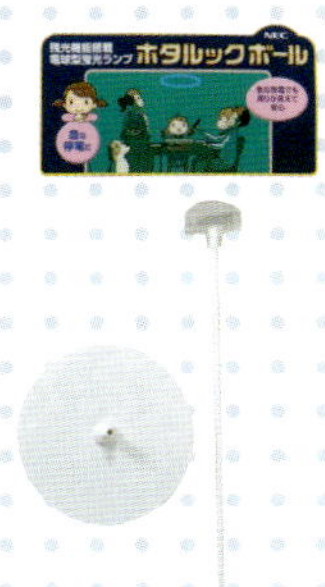

NEC ライティング

A & P : アルファ企画
MATERIAL : 紙類

貝印
MATERIAL : 紙類

大鵬薬品工業
A & P : 日本写真印刷
MATERIAL : 紙類・スチレンボード
W 300 × H 200

日立製作所
A & P : 日立ハイプラン
MATERIAL : 紙類

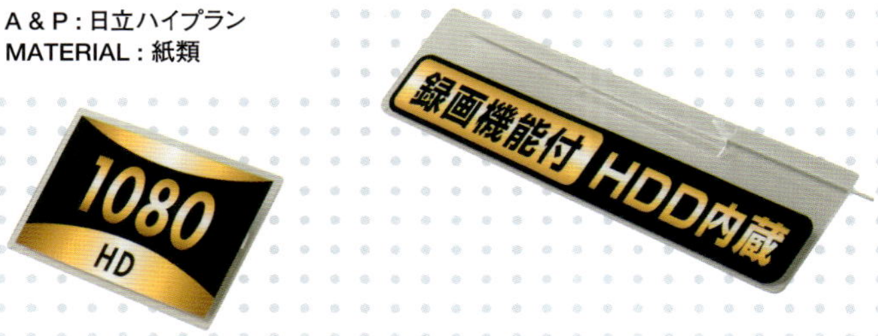

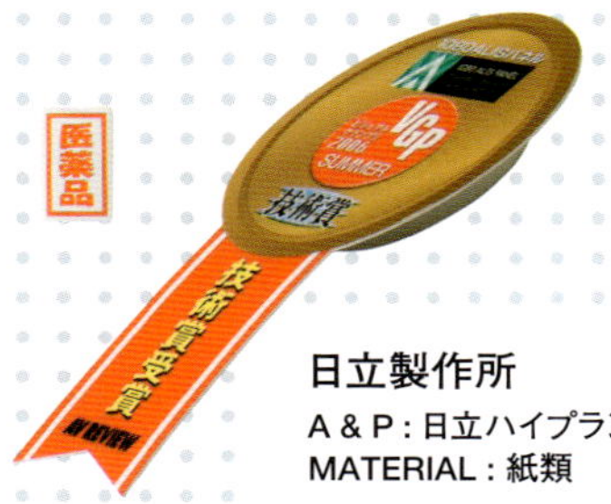

日立製作所
A & P : 日立ハイプラン
MATERIAL : 紙類

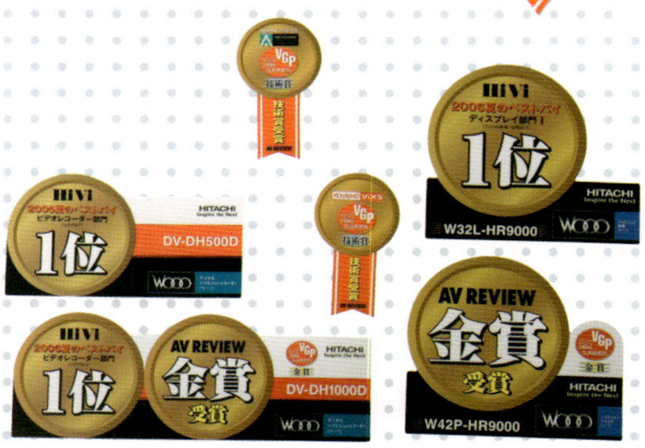

SPRジャパン
A & P : 自社 / イトーキ
MATERIAL : 紙類・PET

コンビ
A & P : 自社
MATERIAL : 紙類

エスエスケイ
A & P : 自社 / イシイ

タカラトミー

©TOMY
「トミカ」「プラレール」は株式会社タカラトミーの登録商標です。
A & P：自社（トミカプラレール）上・下　スペースインパクト 中
MATERIAL：紙類・プラスチック
W 245 × H 210 × D 70

バンダイナムコゲームス

©.hack Conglomerate
©2006 NBGI
A & P：アーケイア / シナテック
MATERIAL：紙類

バンダイナムコゲームス

©いのまたむつみ
©2005 NBGI
A & P：SMC
MATERIAL：紙類

アース製薬

MATERIAL：紙類

ユニリーバ・ジャパン

MATERIAL：紙類

日本ペットフード

※フィードが意匠登録出願中
A & P：フィード
MATERIAL：PET
W 180 × H 88 × D 1

ダイキン工業
MATERIAL：紙類
W 220 × H 360 × D 190

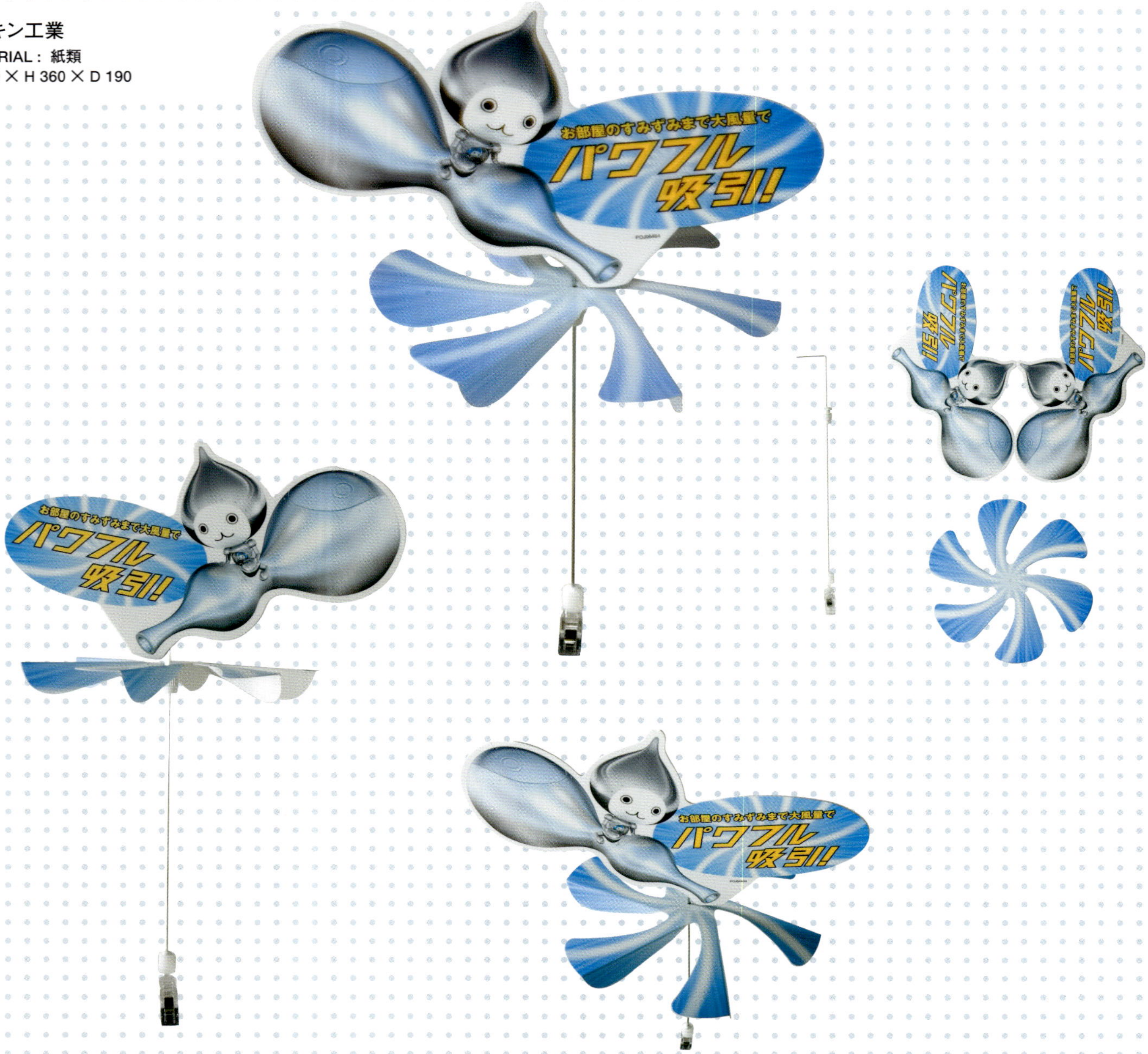

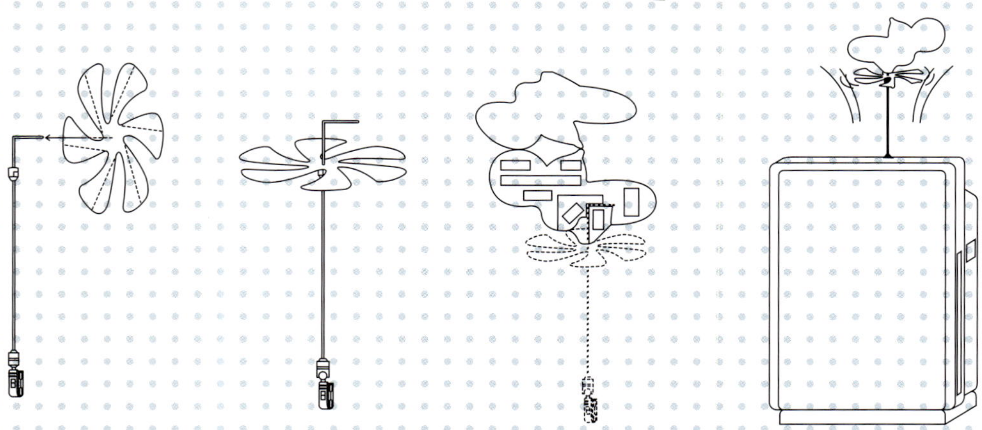

アース製薬
A & P : 電通
MATERIAL : 塩化ビニール・合紙・PET・金属

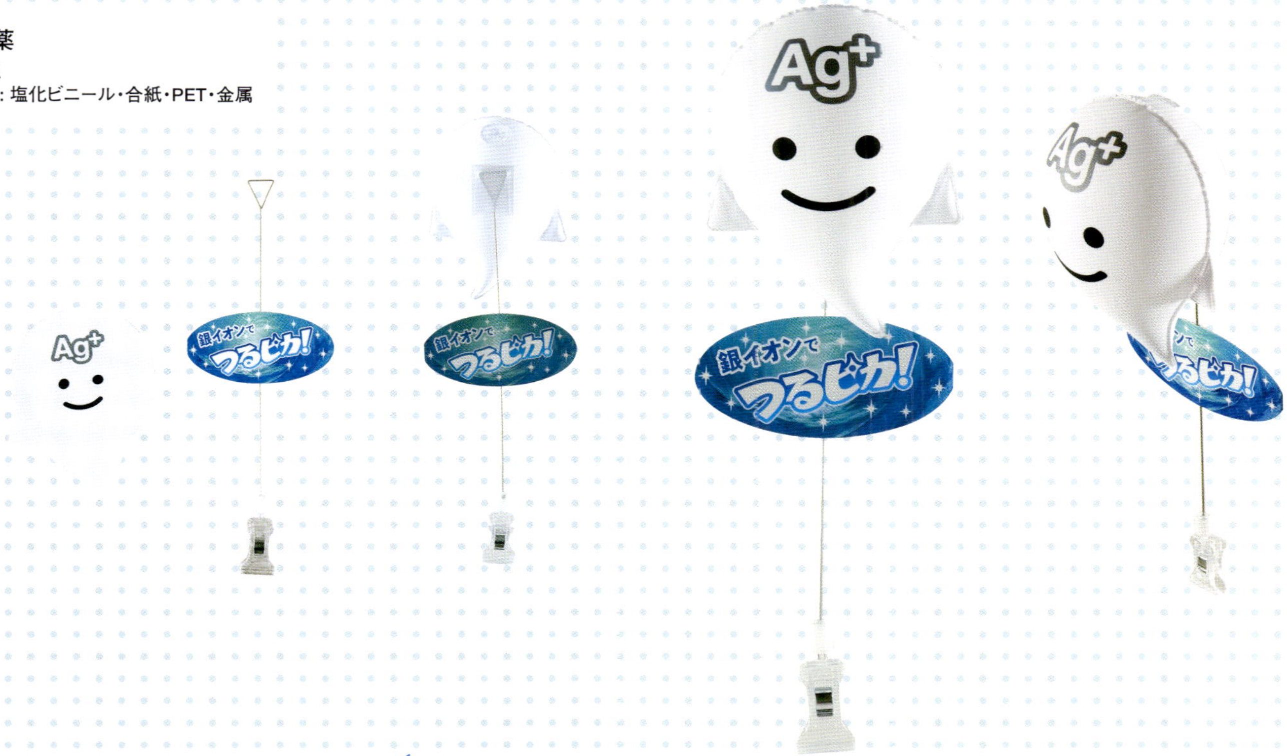

トリンプ・インターナショナル・ジャパン
W 400 × H 100

三菱鉛筆
A & P : アイポイント
W 90 × H 205

井村屋製菓
A & P : 井関産業
MATERIAL : 紙類・金属
W 120 × H 230 × D 120

トリンプ・インターナショナル・ジャパン
W 100 × H 400

トリンプ・インターナショナル・ジャパン

日立製作所
A & P : 日立ハイプラン
MATERIAL : 紙・アクリル・鉄
W 1070 × H 740

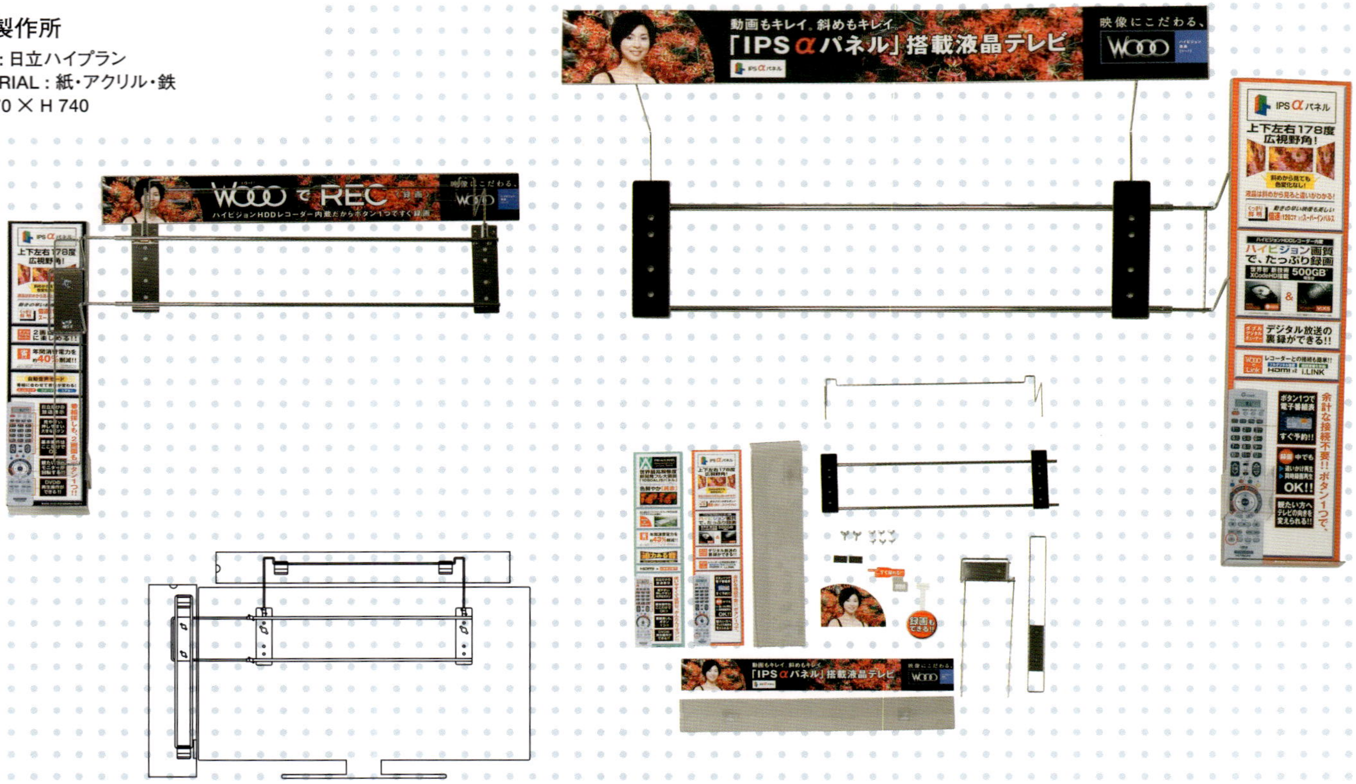

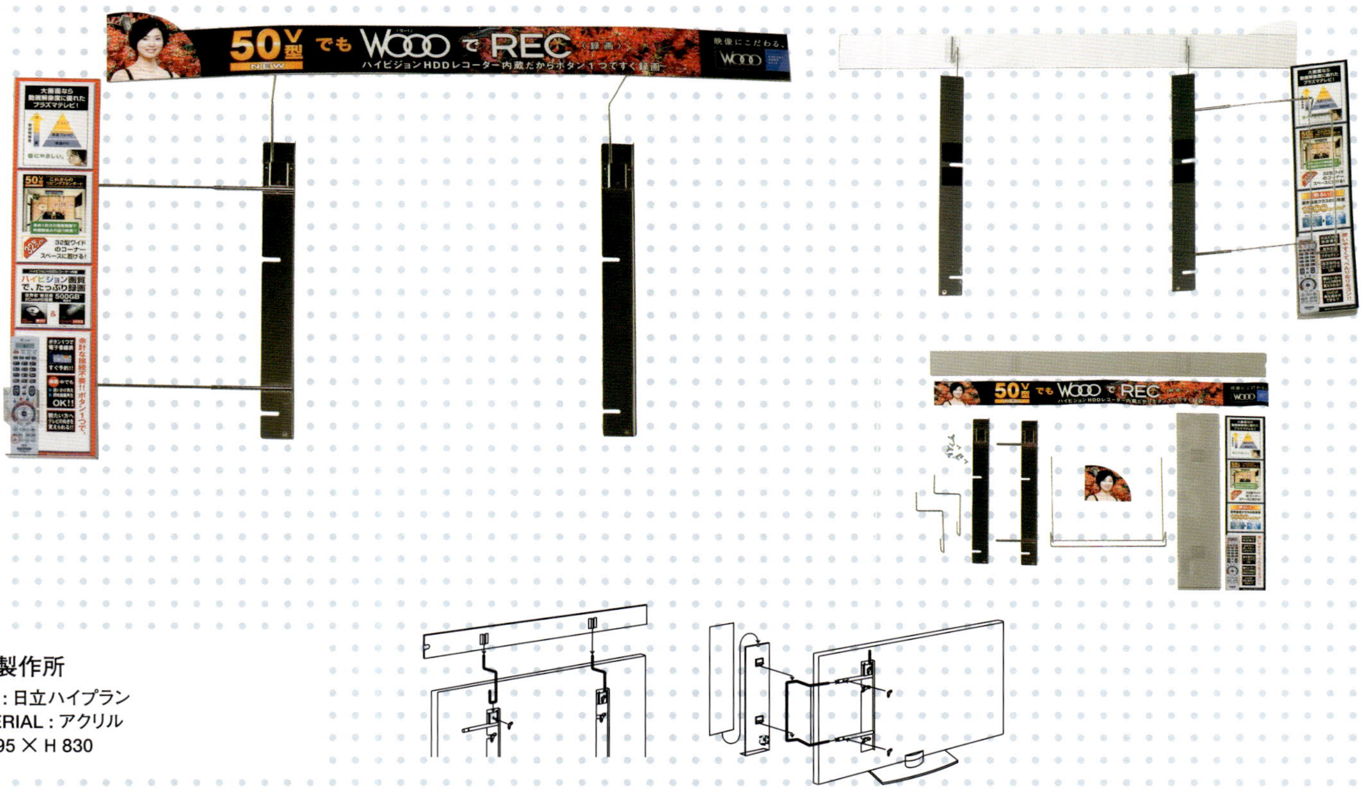

日立製作所
A & P : 日立ハイプラン
MATERIAL : アクリル
W 1395 × H 830

ブエナビスタ ホームエンターテインメント
A & P : 図書印刷
MATERIAL : 紙類

ギャガ・コミュニケーションズ

ユニリーバ・ジャパン

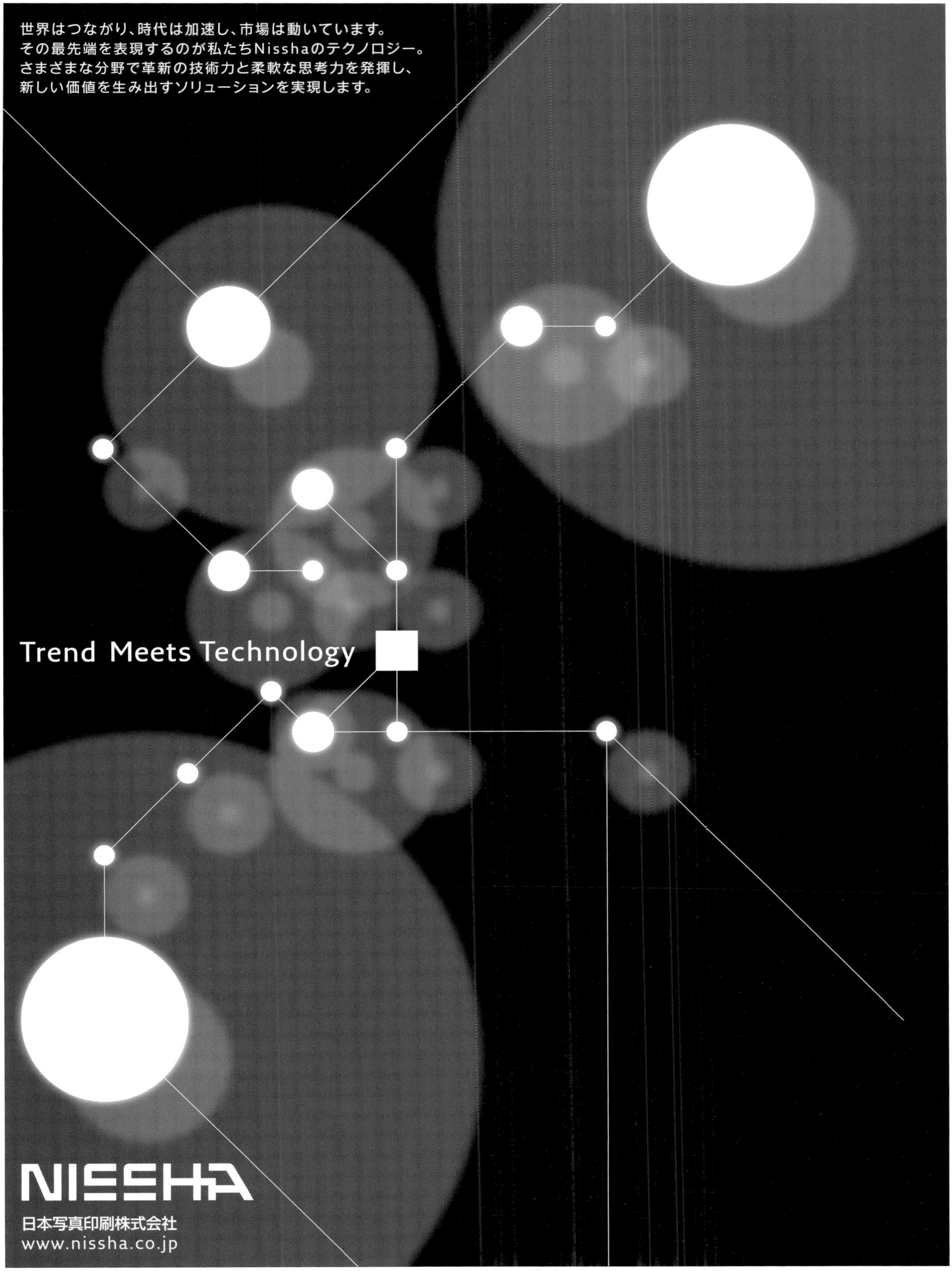
世界はつながり、時代は加速し、市場は動いています。
その最先端を表現するのが私たちNisshaのテクノロジー。
さまざまな分野で革新の技術力と柔軟な思考力を発揮し、
新しい価値を生み出すソリューションを実現します。
Trend Meets Technology
NISSHA
日本写真印刷株式会社
www.nissha.co.jp

NEW P.O.P. DESIGN 2 INDEX

	社名	住所	TEL
ア	アース製薬	東京都千代田区神田司町2-12-1	03-5207-7451
	アイプラネット	東京都港区南青山1-1-1(新青山ビル西館)	03-3475-3151
	あさひ産業	東京都新宿区揚場町2-18　川島ビル4F	03-5228-6381
	味の素コミュニケーションズ	東京都中央区八丁堀 2-9-1	03-3555-1771
	アップリカ葛西	大阪府大阪市中央区島之内1-13-13	06-6271-5454
	アドギア	東京都港区浜松町1-30-5　浜松町スクエア	03-3431-8242
	アド・キャブレター	東京都渋谷区道玄坂1-22-7　道玄坂ピア3F	03-5457-1141
	アミューズソフトエンタテインメント	東京都渋谷区桜丘町20-1　渋谷インフォスタワー8F	03-5457-3346
	アルテックジャパン	大阪府東大阪市長田東3-5-29	06-6746-5001
	イシイ	大阪府大阪市中央区瓦屋町2-11-19	06-6768-1577
	井関産業	千葉県浦安市当代島1-18-2	047-351-4147
	伊藤園	東京都渋谷区本町3-47-10	03-5371-7111
	イトーキ	東京都足立区扇1-50-12	03-3854-1420
	INAX	東京都新宿区西新宿6-5-1　新宿アイランドタワー14階	0120-17-9400
	井村屋製菓	三重県津市高茶屋7-1-1	059-234-2131
	ヴァンクラフト	東京都渋谷区神宮前3-38-5	03-5772-2242
	エイム	福岡県福岡市博多区東比恵4-12-8	092-481-7464
	エースコック	大阪府吹田市江坂町1-12-40	06-6338-5585
	A-MAX Technology Japan	東京都千代田区練堀町68-1ムラタヤビル7F	03-5298-7929
	江崎グリコ	大阪府大阪市西淀川区歌島4-6-5	06-6477-8433
	エスエスケイ	大阪府大阪市中央区上本町西1-2-19	06-6768-1111
	エスエス製薬	東京都港区赤坂4-2-6　住友不動産新赤坂ビル	03-5549-0555
	エステー化学	東京都新宿区下落合1-4-10	03-5906-0731
	SPRジャパン	東京都渋谷区神南1-20-9　ABC-MART公園通りビル5F	03-5459-4411
	エスビー食品	東京都中央区日本橋兜町18-6	03-3668-0551
	エクシング	東京都港区芝大門2-2-1　常和芝大門ビル	03-5470-2711
	NECライティング	東京都品川区大崎1-2-2　大崎セントラルタワー9F	03-5719-8111
	NTTアド	東京都品川区上大崎3丁目1-1	03-5745-7616
	NTTドコモ	東京都千代田区永田町2-11-1山王パークタワー	03-5156-1111
	エバラ食品工業	神奈川県横浜市西区北幸2-5-15　日総第3ビル	045-314-0121
	MRC・ホームプロダクツ	東京都中央区日本橋小網町14-1	03-3669-4750
	大塚ベバレジ	東京都千代田区神田司町2-11-1　明治損害保険ビル3F	03-3219-1711
	オカモト	東京都文京区本郷3-27-12	03-3817-4111
	オムロン ヘルスケア	東京都港区虎ノ門3-4-10	03-3436-7090
	オンキヨー	大阪府寝屋川市日新町2-1	072-831-8000
カ	貝印	東京都千代田区岩本町3-9-5	03-3862-6411
	カシオ計算機	東京都渋谷区本町1-6-2	03-5334-4111
	片倉工業	東京都中央区京橋3-1-2	03-3281-2435
	角川映画	東京都千代田区紀尾井町3-6　紀尾井町パークビル9F	03-5213-0685
	カネボウ化粧品	東京都港区虎ノ門5-11-2 オランダヒルズ森タワー	03-6430-5111

	社名	住所	TEL
	カバヤ食品	岡山県岡山市御津野々口1100	*0867-24-4300*
	ギャガ・コミュニケーションズ	東京都千代田区永田町2-11-1　山王パークタワー13F	*03-3509-7500*
	キヤノンマーケティングジャパン	東京都港区港南2-16-6	*03-6719-9111*
	京楽産業.	愛知県名古屋市天白区中砂町185	*052-835-2211*
	クラウン・パッケージ	愛知県小牧市小針3-67	*0568-76-4527*
	クラリオン	東京都文京区白山5-35-2	*03-3815-1121*
	クリエイティブSPタケダ　麹町支店	東京都千代田区二番町14　日テレ麹町ビル西館1F･B1F	*03-3237-1050*
	クリエイティブステージ	東京都豊島区高松1-10-2　NH西池袋ビル7F	*03-5995-5505*
	クレイブエージェンシー	東京都中央区銀座1-20-16　岡安ビル6F	*03-3562-7422*
	クレハ	東京都中央区日本橋浜町3-3-2	*03-3249-4666*
	KDDI	東京都千代田区飯田橋3-10-10　ガーデンエアタワー	*03-3347-0077*
	ケンウッド	東京都八王子市石川町2967-3	*042-646-5111*
	講談社	東京都文京区音羽2-12-21	*03-3945-1111*
	広美	東京都中央区築地3-9-9　ランディック永井ビル	*03-3545-5051*
	国際ディスプレイ工業	東京都文京区向丘2-15-5	*03-3828-2286*
	コンビ	東京都台東区元浅草2-6-7	*03-5828-7666*
サ	佐藤製薬	東京都港区元赤坂1-5-27 AHCビル	*03-5412-7310*
	サンスター	大阪府高槻市朝日町3-1	*072-682-5541*
	三洋紙業	東京都足立区西伊興3-15-25	*03-3897-7181*
	三洋電機	大阪府守口市京阪本通2-5-5	*06-6991-1181*
	ジョンソン・エンド・ジョンソン ビジョンケアカンパニー	東京都千代田区西神田3-5-2	*03-4411-7500*
	スコープ・インターナショナル	東京都中央区入船2-3-7　築地第二長岡ビル6F	*03-3555-8989*
	スタッフコミュニケイション	東京都港区麻布十番1丁目7-1	*03-3475-2828*
	セガ	東京都大田区羽田1-2-12	*03-5736-7111*
	セザックス	東京都渋谷区渋谷3-19-1　渋谷オミビル	*03-3400-9211*
	セシール	香川県高松市観光町547-1	*087-835-5155*
	ゼブラ	東京都新宿区東五軒町2-9	*03-3268-1181*
	セメダイン	東京都品川区東五反田4-5-9	*03-3442-1331*
	千修	東京都千代田区九段北4-2-4	*03-3261-8411*
	象印マホービン	大阪府大阪市北区天満1-20-5	*06-6356-2311*
	ソースネクスト	東京都港区六本木6−10−1　六本木ヒルズ森タワー15F	*03-5786-7203*
	ソニー・コンピュータエンタテインメント	東京都港区南青山2-6-21	*03-6438-8000*
	ソニー・マガジンズ	東京都千代田区五番町5-1　JS市ヶ谷ビル内	*03-3234-5801*
	ソニー・ミュージック コミュニケーションズ	東京都新宿区市谷田町1-4	*03-3266-7811*
タ	第一興商	東京都品川区北品川5-5-26	*03-3280-2151*
	第一三共ヘルスケア	東京都中央区日本橋箱崎町36-2	*03-6667-3211*
	ダイキン工業	大阪府大阪市北区中崎西 2-4-12　梅田センタービル	*06-6373-4312*
	大正製薬	東京都豊島区高田3-24-1	*03-3985-1111*
	大日本印刷	東京都新宿区市谷加賀町1-1-1	*03-3266-2111*
	タイホーコーザイ	東京都港区4-2-8　住友不動産三田ツインビル東館8F	*03-6414-5600*

NEW P.O.P. DESIGN 2 INDEX

	社名	住所	TEL
タ	大鵬薬品工業	東京都千代田区神田錦町1-27	03-3294-4527
	タカラトミー	東京都葛飾区立石7-9-10	03-5654-1280
	武田薬品工業	東京都中央区日本橋2-12-10	03-3278-2430
	タナックス	京都府京都市下京区高辻通新町西入堀之内町277	075-361-2000
	チバビジョン	東京都品川区東品川2-2-24　天王洲セントラルタワー13階	03-5461-1406
	中央工芸企画	東京都豊島区西巣鴨2-35-6	03-3916-5475
	中央宣興	東京都中央区銀座2－6－1	03-3562-0151
	チュンソフト	東京都新宿区新宿6-24-20　Welship東新宿 10F	03-5272-1711
	千代田オフセット	東京都千代田区神田神保町1-50	03-3291-7500
	つくる	東京都江戸川区臨海町3-5-1	03-5667-2960
	DNP西日本	福岡県福岡市南区清水2-16-36	092-553-4031
	ディージー・アンド・アイベックス	東京都千代田区三番町8-1　三番町東急ビル8F	03-3512-6700
	ディー・ディー・ウェーブ	東京都渋谷区神宮前2-2-22　青山熊野神社ビル1F	03-5411-5730
	T.P.C	大阪府大阪市北区菅原町11-11　ダイサクAMビル2F	06-6364-7070
	デザインフォース	大阪府大阪市中央区伏見町2-6-4　吉田一閑ビル6F	06-6231-1800
	デサント	東京都豊島区目白1-4-8	03-5979-6006
	デノン　コンシューマー　マーケティング	東京都中央区新川1-21-2　茅場町タワー14F	03-6731-5530
	電通	東京都港区東新橋1-8-1	03-6216-5111
	東京ガス	東京都新宿区西新宿3-7-1　新宿パークタワーS棟24F	03-5322-7657
	東京吉岡	東京都台東区浅草橋5-12-3	03-3865-2751
	東具	大阪府大阪市鶴見区今津南 1-1-35	06-6965-1471
	東芝	東京都港区芝浦1-1-1	03-3457-4511
	東邦レマック	東京都文京区湯島3-42-6	03-3834-4262
	東洋ゴム工業	東京都豊島区高田2-17-22　目白中野ビル	03-5955-1200
	常盤薬品工業	大阪市中央区安土町3-5-12	06-6264-5862
	図書印刷	東京都港区高輪1-3-13	03-3473-7300
	トスマック	東京都台東区東上野4-20-2	03-3843-0977
	凸版印刷	東京都千代田区神田和泉町1	03-3835-5111
	ドトールコーヒー	東京都渋谷区神南1-10-1	03-5459-9008
	トリンプ・インターナショナル・ジャパン	東京都大田区平和島6-1-1　東京流通センタービル	03-5493-7700
	トンボ鉛筆	東京都北区豊島6-10-12	03-3912-1181
ナ	ニットー	東京都渋谷区富ヶ谷1-5-1	03-3469-2132
	日本ケロッグ	東京都新宿区西新宿3-20-2　東京オペラシティビル36F	03-5354-1320
	日本写真印刷	京都府京都市中京区壬生花井町3	075-811-8111
	日本ペットフード	東京都中央区八重洲1-4-21　共同ビル9F	03-3274-0821
ハ	ハインツ日本	東京都台東区浅草橋5-20-8　CSタワー11階	03-5687-7511
	白元	東京都台東区東上野2-21-14	03-3835-2241
	バンダイナムコゲームス	東京都大田区矢口2-1-21	03-3756-2311
	ピーエス	東京都千代田区五番町10	03-3264-6061
	美工	大阪府大阪市西区阿波座1-10-6	06-6531-8302

	社名	住所	TEL
	ビコーズ	東京都渋谷区幡ヶ谷2-2-10-203	03-5308-6061
	久光製薬	東京都千代田区丸の内1-11-1	03-5293-1700
	日立製作所	東京都千代田区丸の内1-6-6	03-3258-1111
	日立ハイプラン	東京都千代田区内神田1-1-14　日立鎌倉橋ビル3F	03-5217-0921
	ビラコチャ	東京都港区南青山6-7-2　テラアシオス南青山3F	03-5485-5822
	ファースト	大阪府大阪市西区西本町1-10-10　オーエックス西本町ビル10F	06-6533-1842
	フィード	東京都港区麻布十番2-10-3　マイスクエア6F	03-5441-3355
	フィッツコーポレーション	東京都渋谷区神宮前1-11-11	03-5772-1010
	フェザー安全剃刀	大阪府大阪市北区大淀南3-3-70	06-6458-1631
	ブエナビスタホームエンターテイメント	東京都目黒区下目黒1-8-1　アルコタワー7F	03-5745-2616
	富士通テン	兵庫県神戸市兵庫区御所通1-2-28	078-671-5081
	ブラザー販売	愛知県名古屋市瑞穂区苗代町15-1	052-824-2511
	ブラン	東京都品川区東品川1-25-5　インパクトII	03-5782-8031
	フルタ製菓	大阪府大阪市生野区林寺6-7-22	06-6719-6161
	ブルドック	東京都新宿区両元町10-8	03-3353-0751
	フレンテ・インターナショナル	東京都板橋区成増5-9-7	03-3979-2115
	ベストプロジェクト	大阪府大阪市北区東天満2-10-19　マークベストビル	06-6351-8835
	ペンタックス	東京都板橋区前野町2-36-9	03-3960-5151
	ぺんてる	東京都中央区日本橋小網町7-2	03-3667-3333
	ボルボ・カーズ・ジャパン	東京都港区虎ノ門4-3-13　秀和神谷町ビル11F	
	凡美社	東京都中央区築地2-4-2	03-3248-2525
マ	マスパック	大阪府摂津市南別府町1-3	06-6340-5321
	松下電器産業	大阪府門真市大字門真1006	06-6908-1121
	丸石サイクル	埼玉県吉川市中野311-1	048-984-1400
	マルヨシ	東京都文京区千駄木3-48-5	03-3828-2131
	ミクプランニング	東京都港区赤坂1-12-32　アーク森ビル35階	03-5575-5020
	三菱鉛筆	東京都品川区東大井5-23-37	03-3458-6221
	ムーンスター	福岡県久留米市白山町60	0942-33-1111
	明治製菓	東京都中央区京橋2-4-16	03-3272-6511
	明祥印刷	東京都中央区新川1-11-10	03-3552-5678
	森下仁丹	大阪府大阪市中央区玉造1-1-30	06-6761-1131
ヤ	ヤラカス舘	大阪府大阪市中央区瓦町2-6-6	06-6201-2131
	ユニリーバ・ジャパン	東京都目黒区上目黒2-1-1　中目黒GTタワー	03-5723-2211
	横浜エージェンシー	神奈川県横浜市神奈川区鶴屋町2-25-1	045-312-3421
	ヨネックス	東京都文京区湯島3-23-13	03-3836-1221
	読売広告社	東京都中央区銀座1-8-14	03-3567-8111
ラ	リズム時計工業	埼玉県さいたま市大宮区北袋町1-299-12	048-643-7423
	ループ・マーケティング ソリューション エージェンシー	東京都港区三田3-5-21三田北島ビル5F	03-5484-7051
ワ	WOWOW	東京都港区元赤坂1-5-8	03-5414-8111
	ワヨー	東京都台東区蔵前1-8-2	03-3866-1961

ニューピーオーピーデザイン 2
NEW P.O.P. DESIGN 2

発　行　日：2007年5月24日　初版第1刷発行
発　行　人：廣田　守男
発　　　行：株式会社アルファ企画
東京都新宿区三栄町24 黒田ビル2F 〒160-0008
Tel. 03-5360-6531　Fax. 03-5360-6544
http://www.e-webpro.jp　info@e-webpro.jp
責 任 編 集：廣田公司　溝口浩子
発　　　売：株式会社ワークスコーポレーション
東京都渋谷区道玄坂1-10-8渋谷野村ビル7F 〒150-0043
Tel. 03-5459-8266　Fax. 03-5459-8275
http://www.wgn.co.jp
印　　　刷：株式会社不二企画

ISBN978-4-86267-015-1 C3070 ¥15000E